# 物种战争之化学武器

徐景先 毕海燕 李湘涛 杨红珍 李 竹 黄满荣 杨 静 倪永明 张昌盛 著

北京市科学技术研究院
创新团队计划
IG201306N
项目支撑

中国社会出版社
国家一级出版社★全国百佳图书出版单位

图书在版编目(CIP)数据

物种战争之化学武器 / 徐景先等著.
—北京：中国社会出版社，2014.12
（防控外来物种入侵·生态道德教育丛书）
ISBN 978-7-5087-4913-6

Ⅰ.①物… Ⅱ.①徐… Ⅲ.①外来种—侵入种—普及读物 ②生态环境—环境教育—普及读物 Ⅳ.①Q111.2-49 ②X171.1-49

中国版本图书馆CIP数据核字（2014）第292630号

---

**书　　名**：物种战争之化学武器
**著　　者**：徐景先 等

---

**出 版 人**：浦善新
**终 审 人**：李　浩　　**责任编辑**：侯　钰
**策划编辑**：侯　钰　　**责任校对**：籍红彬

---

**出版发行**：中国社会出版社　　**邮政编码**：100032
**通联方法**：北京市西城区二龙路甲33号
编辑部：（010）58124865
邮购部：（010）58124845
销售部：（010）58124848
传　真：（010）58124856
**网　　址**：www.shcbs.com.cn

**经　　销**：各地新华书店

---

**印刷装订**：北京威远印刷有限公司
**开　　本**：170mm×240mm　1/16
**印　　张**：12.25
**字　　数**：200千字
**版　　次**：2015年6月第1版
**印　　次**：2015年6月第1次印刷
**定　　价**：39.00元

# 顾问

**万方浩** 中国农业科学院植物保护研究所研究员

**刘全儒** 北京师范大学教授

**李振宇** 中国科学院植物研究所研究员

**杨君兴** 中国科学院昆明动物研究所研究员

**张润志** 中国科学院动物研究所研究员

# 致谢

防控外来物种入侵的公共生态道德教育系列丛书——《物种战争》得以付梓，我们首先感谢北京市科学技术研究院的各级领导对李湘涛研究员为首席专家的创新团队计划（IG201306N）项目的大力支持。感谢北京自然博物馆的领导和同仁对该项目的执行所提供的帮助和支持。

我们还要特别感谢下列全国各地从事防控外来物种入侵方面的科研、技术和管理工作的专家和老师们，是他们的大力支持和热情帮助使我们的科普创作工作能够顺利完成。

中国科学院动物研究所张春光研究员、张洁副研究员

中国科学院植物研究所汪小全研究员、陈晖研究员、吴慧博士研究生

中国科学院生态研究中心曹垒研究员

中国林业科学研究院森林生态环境与保护研究所王小艺研究员、汪来发研究员

中国农业科学院农业环境与可持续发展研究所环境修复研究室主任张国良研究员

中国农业科学院植物保护研究所张桂芬研究员、周忠实研究员、张礼生研究员、王孟卿副研究员、徐进副研究员、刘万学副研究员、王海鸿副研究员

中国农业科学院蔬菜花卉研究所王少丽副研究员

中国农业科学院蜜蜂研究所王强副研究员

中国农业大学农学与生物技术学院高灵旺副教授、刘小侠副教授

国家粮食局科学研究院汪中明助理研究员

中国检验检疫科学研究院食品安全研究所副所长国伟副研究员

中国疾病预防控制中心传染病预防控制所媒介生物控制室主任刘起勇研究员、鲁亮博士、刘京利副主任技师、档案室丁凌馆员、微生物形态室黄英助理研究员

中国食品药品检定研究院实验动物质量检测室主任岳秉飞研究员、中药标本馆魏爱华主管技师

北京林业大学自然保护学院胡德夫教授、沐先运讲师、李进宇博士研究生、纪翔宇硕士研究生

北京师范大学生命科学学院张正旺教授、张雁云教授
北京市天坛公园管理处副园长兼主任工程师牛建忠教授级高级工程师、
李红云高级工程师
北京动物园徐康老师、杜洋工程师
北京海洋馆张晓雁高级工程师
北京市西山试验林场生防中心副主任陈倩高级工程师
北京市门头沟区小龙门林场赵腾飞场长、刘彪工程师
北京市农药检定所常务副所长陈博高级农艺师
北京市植物保护站蔬菜作物科科长王晓青高级农艺师、副科长胡彬高级农艺师
北京市水产科学研究所副所长李文通高级工程师
北京市水产技术推广站副站长张黎高级工程师
北京市疾病预防控制中心阎婷助理研究员
北京市农林科学院植物保护环境保护研究所张帆研究员、虞国跃研究员、
天敌研究室王彬老师
北京市农业机械监理总站党总支书记江真启高级农艺师
首都师范大学生命科学学院生态学教研室副主任王忠锁副教授
国家海洋局天津海水淡化与综合利用研究所王建艳博士
河北省农林科学院旱作农业研究所研究室主任王玉波助理研究员
河北衡水科技工程学校周永忠老师
山西大学生命科学学院谢映平教授、王旭博士研究生
内蒙古自治区通辽市开发区辽河镇王永副镇长
内蒙古自治区通辽市园林局设计室主任李淑艳高级工程师
内蒙古自治区通辽市科尔沁区林业工作站李宏伟高级工程师
内蒙古民族大学农学院刘贵峰教授、刘玉平副教授
内蒙古农业大学农学院史丽副教授
中国海洋大学海洋生命学院副院长茅云翔教授、隋正红教授、郭立亮博士研究生
中国科学院海洋研究所赵峰助理研究员
山东省农业科学院植物保护研究所郑礼研究员
青岛农业大学农学与植物保护学院教研室主任郑长英教授
南京农业大学植物保护学院院长王源超教授、叶文武讲师、昆虫学系洪晓月教授
扬州大学杜予州教授
上海野生动物园总工程师、副总经理张词祖高级工程师
上海科学技术出版社张斌编辑

浙江大学生命科学学院生物科学系主任丁平教授、蔡如星教授、
农业与生物技术学院蒋明星教授、陆芳博士研究生
浙江省宁波市种植业管理总站许燎原高级农艺师
国家海洋局第三海洋研究所海洋生物与生态实验室林茂研究员
福建农林大学植物保护学院吴珍泉研究员、王竹红副教授、刘启飞讲师
福建省泉州市南益地产园林部门梁智生先生
厦门大学环境与生态学院陈小麟教授、蔡立哲教授、张宜辉副教授、林清贤助理教授
福建省厦门市园林植物园副总工程师陈恒彬高级农艺师、
多肉植物研究室主任王成聪高级农艺师
中国科学技术大学生命科学学院沈显生教授
河南科技学院资源与环境学院崔建新副教授
河南省林业科学研究院森林保护研究所所长卢绍辉副研究员
湖南农业大学植物保护学院黄国华教授
中国科学院南海海洋生物标本馆陈志云博士、吴新军老师
深圳市中国科学院仙湖植物园董慧高级工程师、王晓明教授级高级工程师、
陈生虎老师、郭萌老师
深圳出入境检验检疫局植检处洪崇高主任科员
蛇口出入境检验检疫局丁伟先生
中山大学生态与进化学院/生物博物馆馆长庞虹教授、张兵兰实验师
广东内伶仃福田国家级自然保护区管理局科研处徐华林处长、黄羽瀚老师
广东省昆虫研究所副所长邹发生研究员、入侵生物防控研究中心主任韩诗畴研究员、
白蚁及媒介昆虫研究中心黄珍友高级工程师、标本馆杨平高级工程师、
鸟类生态与进化研究中心张强副研究员
广东省林业科学研究院黄焕华研究员
南海出入境检验检疫局实验室主任李凯兵高级农艺师
广东省农业科学院环境园艺研究所徐晔春研究员
中国热带农业科学院环境与植物保护研究所彭正强研究员、符悦冠研究员
广西大学农学院王国全副教授
广西壮族自治区北海市农业局李秀玲高级农艺师
中国科学院昆明动物研究所杨晓君研究员、陈小勇副研究员、
昆明动物博物馆杜丽娜助理研究员
中国科学院西双版纳植物园标本馆殷建涛副馆长、文斌工程师
西南大学生命科学学院院长王德寿教授、王志坚教授
塔里木大学植物科学学院熊仁次副教授

# 没有硝烟的战场

## ——《物种战争》序

谈起物种战争，人们既熟悉又陌生，它随时随地都可能发生。当你出国通过海关时，倍受关注的就是带没带生物和未曾加工的食品，如水果、鲜肉……。因为许多细菌、病毒、害虫……说不定就是通过生物和食品的带出带入而传播的，一旦传播，将酿成大祸，所以，在国际旅行中是不能随便带生物和食品的。

除了人为的传播，在自然界也存在着一条"看不见的战线"，战争的参与者或许是一株平凡得让人视而不见的草木，或许是轻而易举随风飘浮的昆虫，以及肉眼看不见的细菌……它们一旦翻山越岭、远涉重洋在异地他乡集结起来，就会向当地的土著生物、生态系统甚至人类发动进攻，虽然没有硝烟，没有枪声，却无异于一场激烈的战争，同样能造成损伤和死亡，给生物界和人类以致命的打击。正因如此，北京自然博物馆科研人员创作的这套丛书之名便由此而就《物种战争》，既有"地道战""化学武器""时空战""潜伏""反客为主""围追堵截""逐鹿中原"，又有"双刃剑""魔高一尺，道高一丈""螳螂捕蝉，黄雀在后"。可见，物种战争的诸多特点展示得淋漓尽致。

我不是学生物的，但从事地质工作，几乎让我走遍世界，没少和生物打交道，没少受到这无影无形物种战争的侵袭：在长白山森林里被"草爬子"咬一次，几年还有后遗症；在大兴安岭，不知被什么虫子叮一下，手臂上红肿长个包，又痛又痒，流水化脓，上什么药也不管用，后来，多亏上海军医大一位搞微生物病理的教授献医，用一种给动物治病的药把我这块脓包治好了。有了这些经历，我深深感到生物侵袭的厉害，更不用说"非典""埃博拉"……是多么让人恐怖了！越是来自远方的物种，侵袭越强。

我虽深知物种侵袭的厉害，但对物种战争却知之甚少。起初，作者让我作序，我是不敢接受的。后经朋友鼎力推荐，我想，何不先睹为快呢，既要科普别人，先科普一下自己。不过，我担心自己能不能读懂？能不能感兴趣？打开书稿之后，这种忧虑荡然无存，很快被书的内容和写作形式所吸引。这套丛书不同于一般图书的说教，创作人员并没有把科学知识一股脑地灌输给读者，而是从普通民众日常生活中的身边事说起，很自然地引出每个外来入侵物种的入侵事件，并以此为主线，条分缕析，用通俗的语言和生动的事例，将这些外来物种的起源与分布、主要生物学特征、传播与扩散途径、对土著物种的威胁、造成的危害和损失，以及人类对其进行防控的策略和方法等科学知识娓娓道来。同时，还将公众应对外来物种入侵所应具备的科学思想、科学方法和生态道德融入其中，使公众既能站在高处看待问题，又能实际操作解决问题。对于一些比较难懂的学术概念和名词，则采用“知识点”的形式，简明扼要地予以注释，使丛书的可读性更强。

为了保证丛书的科学性，创作者们没有满足于自己所拥有的专业知识以及所查阅的科学文献，而是深入实际，奔赴全国各地，进行实地考察，向从事防控外来物种入侵第一线的专家、学者和科技人员学习、请教，深入了解外来物种的入侵状况，造成的危害，以及人们采取的防控措施，从实践中获得真知。

这套丛书的另一个特点是图片、插图非常丰富，其篇幅超过了全书的1/2，且绝大多数是创作者实地拍摄或亲手制作的。这些图片与行文关系密切，相互依存，相互映照，生动有趣，画龙点睛，真正做到了图文并茂，让读者能够在轻松愉悦中长知识，潜移默化地受教育。

随着国际贸易的不断扩大和全球经济一体化的迅速发展，外来物种入侵问题日益加剧，严重威胁世界各国的生态安全、经济安全和人类生命健康；我国更是遭受外来物种入侵非常严重的国家，由外来物种入侵引发的灾难性后果已经屡见不鲜，且呈现出传入的种类和数量增多、频率加快、蔓延范围扩大、发生危害加剧、经济损失加重的趋势。这就要求人们从自身做起，将个人行为与全社会的公众生态利益结合起来，加强公共生态道德教育，提高全社会的防范意识和警觉性，将入侵物种堵截在国门之外。

如今，物种战争已经打响，《孙子兵法》说：“多算胜，少算不胜，而况于无算乎！”愿广大民众掌握《物种战争》所赋予的科学武器，赢得抵御外来物种侵袭战争的胜利。

中国科学院院士
中国科普作家协会理事长

2014年10月 于北京

# 目录

## 引言

第一次世界大战期间，化学武器曾被一些国家使用；第二次世界大战期间，化学武器被希特勒用于大规模屠杀，战后又被局部地区和恐怖分子使用。恐惧，是化学武器带给人类的最大感受。同样，当一些外来生物拿出化学武器时，也让许多本地生物深深的战栗。比如肆虐在我国江南的“生态杀手”加拿大一枝黄花，盘踞在我国西南地区的“绿色杀手”紫茎泽兰，南方广泛分布的胜红蓟和肿柄菊，北方常见的刺萼龙葵等植物，它们通过分泌化学物质，抑制身边其他植物的种子发芽和幼苗生长，从而独霸一方。

许多生物都拥有化学武器，但在原生地还不足以发动一场战争。当它们被人类带入新的环境后，局部生物之间“军事力量”的平衡被打破了，而拥有强大化学武器的一方很快占据了上风。生物界的化学战，是一场没有硝烟的战争。人类打开了化学战这个“潘多拉魔盒”，且看如何收场。

1 加拿大一枝黄花
19 紫茎泽兰
39 胜红蓟
59 肿柄菊
75 刺萼龙葵
97 土荆芥
115 苹果蠹蛾
131 大豆疫病菌
151 二斑叶螨
171 黄颡鱼

# 加拿大一枝黄花

*Solidago canadensis* L.

人们最初引进加拿大一枝黄花是因其具有美丽的花朵，便宠爱有加；而现在称之为“魔鬼霸王花”“生态杀手”，要铲除、烧光、杀光，人们对待它的态度有了180°的大转弯。仔细想想，导致这件事情的发生，我们人类在其中起了怎样的作用？作为自然界中的一分子，如何实现人与自然界其他生物和谐共存与发展，我们人类还有很长的路要走。

## 魔鬼霸王花

加拿大一枝黄花在10多年前就曾登上中央电视台，原因是它在浙江省做了一件大案。看看题目就知道了：疯长的一枝黄花。据报道，由于加拿大一枝黄花的疯狂入侵，致使浙江宁波莼湖镇飞跃塘800亩橘树绝收、减产。从那一天开始，加拿大一枝黄花家喻户晓，迅速走红。

现在在百度网站上搜索"加拿大一枝黄花"，你会发现与之相关的报道多达30多万条，它可算是明星植物了。仔细查看相关记录，便可以看到加拿大一枝黄花不仅仅在中央电视台露过面，还多次上过地方电视台和多种报纸杂志。与之同时，加拿大一枝黄花被冠上了"生态杀手""美丽的有害生物""魔鬼霸王花"等头衔，人们还频繁使用"入侵""肆虐""疯狂"等形容词，以及"铲除""围剿""通缉"等情感色彩极强的动词，有报道甚至还用了"黄花虽美非善类，拔光烧光方能休"这样的题目。而有关加拿大一枝黄花的科学研究文献，在2004～2005年之后呈现了迅猛增长的趋势。

加拿大一枝黄花的叶

加拿大一枝黄花，媒体关注它，科学家也关注它，为什么人们如此深恶痛绝，下定决心必除之而后快呢？

让我们先来了解一下加拿大一枝黄花*Solidago canadensis* L.的身世。从它的名字上，你可能也猜得出来，它是一种具有异国血统的多年生植物。不错，它的祖籍是加拿大，但也包括美国、墨西哥等地，因此人们也叫它北美一枝黄花。现在，除了它的原产地外，它已经扩散到了欧洲（包括奥地利、捷克、斯洛伐克、保加利亚、丹麦、芬兰、法国、德国、英国、匈牙利、意大利、波兰、挪威、罗马尼亚、瑞典、瑞士和西班牙等）、亚洲（包括中国、印度、日本和韩国等）和澳大利亚等地，成为世界范围内的一种外来入侵植物。

它在植物分类学上隶属于菊科一枝黄花属，该属植物全世界约有125种，大部分分布于北美洲。我国原产有3种，即毛果一枝黄花、一枝黄花、钝苞一枝黄花；另有加拿大一枝黄花、多皱一枝黄花和高大一枝黄花均为外来植物。

加拿大一枝黄花是一种有着嫩黄色小花朵的植物，看上去很惹眼。它的茎直立，高0.3～3米，具有横走根，叶互生，披针形或线状披针形，叶脉于叶中部呈三出平行脉状，叶边缘锯齿形，两面有短糙毛。它的顶端开着像稻穗一样的串串黄花，如同一颗颗淡黄色的小米粒，每个小米粒状的花实际上是一个小的头状花序；种子为瘦果，约1毫米长，带约2毫米长的冠毛。

加拿大一枝黄花以种子和根状茎繁殖，繁殖能力强。种子的萌发主要是在3～4月份，4～9月份为营养生

加拿大一枝黄花的根状茎及根系

长；7月初，植株通常高达1米以上；最早在9月中下旬开始开花，产生新的根状茎；11月底到12月中旬果实成熟，根状茎在冬季萌发。偏酸性、低盐碱的沙壤土和壤土更适于加拿大一枝黄花的生长，尤其在水分和阳光充足且土壤肥沃的生境生长最佳，但是它同时又有耐荫耐旱等习性，具有很广的生态适应性。

在20世纪30年代，加拿大一枝黄花作为庭院观赏花卉被引入我国上海和江苏等地。人们把它种在花园庭院里，串串黄花，在秋日的骄阳下盛开，与各色其他花卉相映成趣，人们欣赏它，赞美它。有时人们还会把它剪下来，扎成一束，放在自己的家里，独享其美；人们爱护它，培育它，对它精心施肥浇水，期待着又一年的黄花盛开。受尽了宠爱的加拿大一枝黄花，整日生活在“幸福”的氛围里，它却也很乖巧，一直在人们的视野范围内活动，从不越雷池一步。这样的生活持续了几十年之后，终于有一天，它不再甘于这种整日里“宅”在花园内的寂寞生活，想出去看看外面的世界。于是，它迈出了让它“身败名裂”的一步。

大约在1996年前后，人们在浙江省沿海一带发现了加拿大一枝黄花的身影。对于它偶然的出现，人们并没有给予太多的关注。可是就在这不经意间，加拿大一枝黄花完成了从园林栽培到野外自然生长的过程。这在植物学中叫作野外逸

加拿大一枝黄花像稻穗一样的串串黄花是由无数头状花序组成的

生，它通过自然选择适应当地的环境，在野外完成了自我更新。

这一次成功的野外生存体验，让加拿大一枝黄花在荒郊野地里站住了脚跟，也让它信心大增。起初它可能还担心走出花圃，经不住野外的风吹雨打，如今它已经不再惧怕艰难坎坷了。于是，它启动了新一阶段的扩张计划，到了2000年左右，加拿大一枝黄花在浙江和上海迅速逸生扩散，迅速占领了铁路、公路沿线，以及待开发的空地和路边荒地，常形成单优势种群，大面积生长，把当地植物赶出了它们祖祖辈辈“居住”的地方。加拿大一枝黄花在野外有了自己的根据地之后，便又继续进行它的侵略行为。它见缝插针，哪里有空地它便想尽一切办法占领，乡村路边、住宅四周和绿化地、疏林果园、蔬菜地和农田等，都成了它的“殖民地”，这严重影响了农业生产以及荒地植被的自然恢复过程。加拿大一枝黄花对上海的危害最为严重。短短几年时间，在上海和浙江的沪宁线、沪杭线、浙赣线及其他铁路沿线，加拿大一枝黄花已成为铁路两侧、河滩、荒地、农田、城镇住宅旁甚至绿化地带的杂草。在公路两侧以及待开发的空地上也随处可见高大挺拔、成群成片的加

加拿大一枝黄花
太美了，人们喜欢
将它带回家

加拿大一枝黄花的苗

拿大一枝黄花。据相关研究报道，由于加拿大一枝黄花的蔓延，上海市近20年已有30多种土著物种消亡，占上海地区土著物种的1/10，严重影响了上海地区原有植被的生长，生物多样性也受到破坏。

加拿大一枝黄花还入侵果园、玉米田、棉花田、大豆田、茶园、菜地和牧场，与作物争夺营养物质和水分，“我花开处百花杀”，严重影响了这些作物的产量和质量，甚至造成一些作物的死亡，造成直接和间接的经济损

知识点

### 逸 生

“逸生”是外来植物通过自然选择，适应引入地的环境，能够在引入地的野外完成自我更新，形成自己种群的过程。外来植物一般是引进后进行栽培，通过人为干扰，在引入地的生态环境条件下进行繁育，有些植物在这个过程中脱离了人们的栽培和干预自行繁衍，从而由栽培状态转变为野生状态，这些植物称之为逸生植物。

住宅周围的加拿大一枝黄花

失。一些管理较粗放的园林绿化带，也常受到加拿大一枝黄花的入侵，例如栽种的灌木会成片死亡，致使景观单一化，从而降低景观的美学价值。

许多地区都将加拿大一枝黄花列为农田有害杂草，并对其进行围剿打杀。可它并不畏惧，继续在人们的打打杀杀声中，不断进行扩散蔓延。它的根据地从最初的上海、浙江等地，现在已经扩散到安徽、湖北、江西、江苏、云南、广西、福建、黑龙江、河北、湖南、辽宁、天津、陕西、四川、广东和重庆等十几个省（自治区、直辖市）。它已经从原来的花圃里的乖乖花，变成了野地里的“生态杀手”“霸王花”。2010年，它被我国环境保护部列为第二批外来入侵物种之一。据科学家预测，我国的中部和东北部的暖温带、中温带和寒温带区域，尤其是华中地区，是加拿大一枝黄花入侵的高危区域。可以说，整个长江流域，东经105°～125°、北纬25°～40°的广大陆地，都有可能遭到入侵。

看来加拿大一枝黄花旅行的脚步还远没有停止，而人们的铲除计划也还继续进行，人与花之间激战正酣。

荒地中的加拿大一枝黄花

## 三箭齐发

一种生物在它的原生地是自然生态环境中的一环，会有各种各样的天敌来适当控制它或者遏制它的生长，以保证它在自然生态系统中的数量。在这种情况下，它会自觉地遵守当地的自然生态系统法则，保证整个地区的生态系统平衡。当这种生物离开了它的原生地，脱离了生物链当中的天敌控制，也便脱离了原有的生态法则，其自身的特点便可以肆无忌惮地“发扬光大”了。

加拿大一枝黄花最初来到我国，属于观赏花卉，种在庭院花圃里。由于环境因素的变化，野外环境已经完全满足它自然更新的条件，于是它便在潜伏了几十年之后逸生到野外，再加上没有天敌的控制，它便开始了暴发式的扩散生长。

其实除了没有天敌的因素，加拿大一枝黄花本身所具有的各种本领，也能帮助它完成在我国的扩张计划。它的适应能力非常强，为了能够迅速占领空间，它对生长环境几乎不怎么挑剔，几乎在各种类型的土地上均能生长：无论在相对干旱、土质瘠薄的瓦砾堆里，还是潮湿肥沃的河岸边，都生长良好。植被覆盖不多的地方是它最好的选择，比如荒地、废弃地、厂区、山坡、河边、免耕地、公路边、铁路旁，甚至在水泥地缝、石缝中也能茁壮生长。

除了上面所说的基本技能外，加拿大一枝黄花还有三种高强的

秋季残败的加拿大一枝黄花

本领，就是有性繁殖、无性繁殖和化学手段。它的繁殖能力之强也是出了名的，它可以通过种子进行有性繁殖，也可以通过地下根茎进行无性繁殖。它可以有计划、有步骤地实施这两种繁殖方式，以最终达到占领空间的目的。首先通过有性繁殖方式占领远距离的领地，之后再通过无性繁殖方式巩固自己的领地，这样步步为营，不断扩大生长范围。

鸟儿可以为加拿大一枝黄花传播种子

有性繁殖就是通过种子进行繁殖。加拿大一枝黄花的种子量非常大，每株植物由无数头状花序组成总状花序或圆锥花序，而每个头状花序又包含多数花。授粉后，每株植株可以产生2万多粒种子，种子成苗率在50%左右，理想状况下可高达80%。它的种子外面包有带冠毛的果皮，既小且轻，每个种子都带有一个小小的降落伞，可以借助风力轻松地飞到几千米以外的地

运输车辆也可以为加拿大一枝黄花传播种子

植株基部萌发不定芽长成幼苗

区；鸟类取食了它的种子后，种子可以随着粪便一起被传播很远的距离；还有各种交通运输工具也会将种子带到很远的地方。一旦条件允许，种子便会在新的地方生根发芽。

加拿大一枝黄花第一年在新的地方落户后，开始只是长出几株

植株基部萌发出不定芽

主茎折断后叶腋处很快长出新的花序

主花序开败后下面叶腋处很快长出新的花序

带有冠毛的瘦果

或几簇，第二、第三年即连成片，抑制其他植物的生长，并迅速形成单生优势，破坏入侵地的植被生态平衡。那它是怎样迅速连成片的呢？这就是它的另外一种本领：无性繁殖。无性繁殖对于短距离成片蔓延是非常有效的。加拿大一枝黄花的根系很发达，具有地下横

长满果实的果序

长满瘦果的果序

走的根状茎，每株加拿大一枝黄花有4～15条地下根状茎，以主根为中心向四周辐射状伸展生长，其最长的根状茎长达1米以上；根状茎上长有多个分枝，顶端有芽，根状茎内储存有大量的养分，芽可在次年萌发成独立的植株，每株植物经过一年生长后在第二年就能形成一丛或一片植株，表现出了极强的繁殖能力。连片生长植株的地下部分，根系相互交结，让其他植物很难有落脚之地，这样就有效地排挤了当地植物。

化感作用，是加拿大一枝黄花的另外一个超级本领，也是多种外来入侵植物的有效入侵手段之一。加拿大一枝黄花的根部会分泌一些抑制物质，这些抑制物质可以抑制草本植物发芽。科学家通过在实验室的研究，证实加拿大一枝黄花的提取物对萝卜、莴苣、辣椒、番茄、长梗白菜和小麦等经济作物的种子萌发和生长均有抑制作用，因此推测加拿大一枝黄花的强化感作用可以有效地抑制其竞争者的生长，进而形成自己独立的种群，达到占领空间、赶走本地植物的目的。

加拿大一枝黄花的果实像小伞随风飘散，从而起到了扩散入侵的目的

疯狂生长的加拿大一枝黄花

## 围追堵截

加拿大一枝黄花自从在央视一夜成名之后，全国上下都开始对它围追堵截，各地也纷纷下达了剿杀令，以遏制其疯长的势头。

最简单的办法就是物理方法，用三个关键词来概括就是剪花、

去根、焚烧。在加拿大一枝黄花结实期前人工拔除，将所有的根状茎挖出并烧毁；对正在结实期的植株，应先剪去果穗，用塑料袋包好以防止种子扩散，再拔除地上部分和根状茎，就地集中烧毁或深埋。物理铲除焚烧的方法虽然较彻底，但费时费力，成本高，效率低。对于危害面较小的地区容易开展，对于连片生长的加拿大一枝黄花难度就很大了。

加拿大一枝黄花种子小、发芽势差、顶土能力弱，可以耕翻抛撒有加拿大一枝黄花种子的地块，其种子被翻入土下5厘米就无法发芽出土。因此可在冬季对加拿大一枝黄花主要落种区实施耕翻，覆盖种子，以减少春季出苗量，从而有效降低加拿大一枝黄花的蔓延速度。

化学防除应是控制加拿大一枝黄花最经济有效的手段。在其苗期或成株期，可用草甘膦等灭生性除草剂及其复配剂防除。如果使用触杀型除草剂，见效快但不能杀死地下部分，因此采用草甘膦，利用其内吸传导特性可杀死地下部分，防除效果较好。但是化学防治方法会有后遗症，会造成环境污染。

生物防治可以说是既环保，又节约人力物力的最好举措。对于如何防止加拿大一枝黄花的扩散，许多科学家都在进行试验。例如，白扁豆这种植物生命力强，具有蔓延性、缠绕性的特点，有人尝试利用本地植物白扁豆在重灾区遏制加拿大一枝黄花的蔓延；还有人发现一种蛾类幼虫取食加拿大一枝黄花的叶子，并在植株的茎秆中发现了钻入的幼虫，因此可以考虑利用这种天敌昆虫对加拿大一枝黄花的扩散进行有效遏制。但是，这种昆虫的投放还需考虑是否对加拿大一枝黄花具有专一性，以确保大量投放后对当地农作物及生态环境的安全性。同时还需要对这些天敌进行鉴定，明确其生长习性等生物学特性，并对其是否投放、如何投放、投放范围等综合评价、进

加拿大一枝黄花能通过化感作用抑制作物种子的萌发和生长

行研究方可执行。

在一片“人人喊打”的声音中，也有不少科学家正在研究加拿大一枝黄花的有用之处，使它变害为宝。例如，秋季，加拿大一枝黄花可作为养蜂的一大蜜源；秋末冬初，它高大、坚硬的茎杆是搭黄瓜、豌豆等藤本植物架子的好材料，剩下的茎杆又是农民生火的好燃料。科学家正在尝试将加拿大一枝黄花用于颜料的生产，以及用于提炼精油，制作营养霜、沐浴液等用品。目前，这些研究大多处在实验室的研究阶段，大规模开发生产还需要进一步深入的研究。

对待加拿大一枝黄花，人类由最初的宠爱，到后期铲除、烧光、杀光，态度有了180°的大转弯。仔细想想，导致这件事情的发生，我们人类在其中起了怎样的作用？作为自然界中的一分子，如何实现人与自然界其他生物和谐共存与发展，我们人类还有很长的路要走。

（徐景先）

## 深度阅读


黄洪武，董立尧等. 2007. 外来入侵植物加拿大一枝黄花的研究进展. 杂草科学，2007(2): 6-9.

万方浩，李保平，郭建英. 2008. 生物入侵：生物防治篇. 1-596. 科学出版社.

黄洪武，李俊等. 2009. 加拿大一枝黄花对植物化感作用的研究. 南京农业大学学报，32(1): 48-54.

徐海根，吴军，陈洁君. 2011. 外来物种环境风险评估与控制研究. 1-263. 科学出版社.

杨如意，昝树婷等. 2011. 加拿大一枝黄花的入侵机理研究进展. 生态学报，31(4): 1185-1194.

陈彤，刘文莉等. 2012. 加拿大一枝黄花入侵对本土植物群落动态的影响及其机制. 植物生态学报，36(3): 253-261.

环境保护部自然生态保护司. 2012. 中国自然环境入侵生物. 1-174. 中国环境科学出版社.

# 紫茎泽兰

*Ageratina adenophora* (Spreng.) R. M. King & H. Rob.

紫茎泽兰是植物界的“绿色杀手”。如果在它入侵前建立早期预警和防御体系，在其建立野外种群时予以清除，紫茎泽兰便不会发展到不可控制的地步。控制手段采取得越早，成功的可能性就越大。

## 动如脱兔

紫茎泽兰，在植物分类学中，隶属于菊科泽兰属，它是一种多年生丛生状常绿半灌木草本植物，叶对生，菱形，花为白色，茎和叶柄均呈紫色，因此被称为紫茎泽兰。这个名字听起来很美，是不是还有点俏皮可爱？可是自从它离开中美洲的家乡，巡游了世界上许多国家和地区之后，又有了许多别称，所到之地的人们称之为“破坏草”“霸王草”，甚至还称其为植物界的“绿色杀手”，被归为世界著名的有害杂草，这些是不是听起来又有些可怕呢？

那么紫茎泽兰是如何从一个乖巧的草花植物变成了人们心中的“绿色杀手”呢？请听我细细道来。

紫茎泽兰*Ageratina adenophora* (Spreng.) R. M. King & H. Rob. 又名解放草、马鹿草、大黑草、花升麻和细升麻等，它的家乡在中美洲的墨西哥和哥斯达黎加等地，在那里它和其他各种花草树木和睦相处，组成了和谐的植物大家庭，在当地生态平衡的条件下，默默无闻地生长在乡间荒野上、草丛树林里。

生长期开始，它舒展出片片绿叶，开出朵朵白色的花；花落之后，它又结出粒粒种子，微风吹过，种子随风飘散。就这样，它年复一年地过着平静的日子，没有任何烦扰，从未有过“出名”的梦想，也

紫茎泽兰开出白色的花

成片生长的紫茎泽兰

树林下生长的紫茎泽兰

未有巡游世界的愿望。

尽管如此，命运还是为它安排了一次不平凡的巡游世界的旅程。因为紫茎泽兰具有漂亮的外貌，具有很好的观赏价值，而且它又有多种生存技能，具备“旅行家”的所有潜质。旅行模式一旦开启，紫茎泽兰就展现出了它“静如处子，动如脱兔”的特点。

1865年，紫茎泽兰作为观赏植物被引种到夏威夷群岛，1875年又被引种到澳大利亚，进行大面积人工栽培，后来逸为野生，随后它又被传入新西兰、泰国、菲律宾、缅甸、越南和印度等地。因为在新的生存环境里没有天敌，再加上它本身具有很多超强的生存本领，因此它在这些国家大面积生长，漫山遍野，泛滥成灾，原有的植被遭到破坏，牛羊爱吃的牧草也消失了。

大约于20世纪40年代，它开始向我国进发，从中缅边境通过自然扩散，最先传入云南省，顺着曲曲弯弯的山间公路，在山坡上、屋顶上、水沟旁、草场边、农田里疯长。经过大约半个世纪的扩散，现在已在我国的云南、贵州、四川、广西、西藏、台湾等省、自治区广泛分布并形成危害，以每年大约几十千米的速度，沿着长江、大渡河、雅砻江、安宁河等江河和成昆铁路、108国道等道路，向北、向东快速蔓延，对

野地里生长的紫茎泽兰

成都平原、三峡库区及长江中下游地区生态安全构成严重威胁。

现在，紫茎泽兰已广泛分布在世界热带、亚热带地区的30多个国家和地区。除中美洲原产地外，分布范围向北达到北纬37°的西班牙，向南至南纬35°的南非和澳大利亚。因气候适宜，科学家推测，如果不加以及时防控，经过若干年，紫茎泽兰将很可能入侵至我国长江以南的各个地区。

## 善守善攻

紫茎泽兰能够在异国他乡不断地繁殖生长，大面积扩张自己的领地，稳稳地站住脚跟，是因为它具有多种超强的生存本领。

紫茎泽兰善守善攻，如《孙子兵法》中所说“善守者藏于九地之下”，即善于把自己的实力隐藏在深不可测的地方。对于紫茎泽兰来说，这个深不可测的地方就是土壤。它的种子数量很多，一般每株植物可结种子3万～4.5万粒，有的甚至多达10万粒。种子很轻，千粒重量只有0.040～0.045克。包含种子的瘦果顶端具冠毛，可通过瘦果与

紫茎泽兰包含种子的果实可以像小型降落伞那样随风飘荡到任何想去的地方进行扩散

冠毛形成“风伞”。借助这些“辅助设备”，它的种子可通过风力、水力、人畜车辆流动而进行广泛的传播。这样，紫茎泽兰每年产生的大量种子广泛分布在入侵地的不同生境中，在土壤中形成数量巨大的“土壤种子库”。大量的种子在土壤中可长期地保持着活力，等待着萌发的时机。这种性能在适应多变的生境和不良的生长条件方面具有优越性，即使植物的种子在某个年份因为自然灾害或人为因素而减产甚至无种子产生时，其种群也不会受到灭绝的威胁。紫茎泽兰这个土壤长久“种子库”无疑为它的入侵提供了源源不断的后备力量，即使它的植株在短时间被消灭，一旦条件适宜，“土壤种子库”中的种子又会快速建立新的种群。

植株的基部萌发出新枝条长成一丛

除种子繁殖之外，紫茎泽兰的根、茎都可产生不定芽，进行营养繁殖，且具较强的萌生能力。两年生以上的紫茎泽兰枝条可从根部和半木质茎的下部萌发新枝，最高萌枝率

出现在五龄级植株，

每株的萌生枝可达40～75枝，其后随着

年龄增加，萌生力有所下降，12年生植株的萌生枝仅有五龄级植株的25%。地上部分被拔除后，在根上也能产生不定芽，形成新的地上枝。被割除而弃于地面的茎秆，在其接地部位能够产生不定根伸入土壤中而形成新植株。紫茎泽兰的茎基部尽管木质化，但靠近地面接触土壤时，仍能萌发出根芽，产生新的植株，这使紫茎泽兰在与其他植物竞争和拓展生存空间中处于有利地位。所以，只要紫茎泽兰还有一口气在，它就可以东山再起。

“善攻者动于九天之上”，在入侵地，紫茎泽兰没有天敌的制约，以雷霆万钧之势迅速扩散。紫茎泽兰体内含有一些易挥发的化学物质，能够导致人和动物昏迷。它产生的花粉和果实上所带的冠毛，很容易被人和动物吸入，也会导致头晕、胸闷等不适反应。此外，它的枝、叶、花里含有一些单宁类物质，在动物胃内富集后，易降低胃的消化功能，使动物生病、死去。这些本领可以有效地驱逐靠近它的动物和昆虫，而没有动物和昆虫的啃食，它便会不断增长自己的种群数量，在入侵地不断地蔓延扩散。

要想在入侵地扎根，必须有更强的适应能力。紫茎泽兰在这方面做得比较到位，它对光照的适应范围较宽，能通过叶片自遮荫来适应强光，高度自遮荫可以阻止其他植物在其枝叶下生长，而其自身的耐荫能力却很强，在相当于林下光强的弱光环境中仍能生长，并具有较强的光合能力，适应大幅度变化的光环境很可能是其入侵成功的重要原因之一。研究表明，从夏季到秋季，紫茎泽兰叶片的日平均光合速率不仅没有减少，而且略有增加，说明它一直处于旺盛的生长状态，而在这期间，正是牧草及其他一些植物幼苗、幼树生长能力衰退的时期。紫茎泽兰把握住这个时间差，最大化地武装自己。它所具有的这种光合特性是其成功入侵的生理基础。

俗话说："谋事在人，成事在天。"紫茎泽兰本领再高，也要看当地是否有其施展的舞台。紫茎泽兰的生物学特性与其入侵地气候变化节律的吻合，也是其入侵成功的一个重要因素。在四川攀枝花市和凉山彝族自治州，紫茎泽兰在1～2月现蕾，2～3月开花，4～5月种子成熟，此时正是该地区的大风季节，而且河谷风总是顺着谷地从南向北刮，加之往来汽车流量大，人畜流动频繁，更有助于其种子传播。在云南，紫茎泽兰孕蕾时间多从11月下旬开始，12月下旬现蕾，翌年2月中下旬始花，新枝萌发从连续降雨的5月开始，5～9月为生长旺期，其中以高温、高湿的7～8月为最快，11月花芽分化，株高增加下降。由于雨季正值紫茎泽兰种子成熟后期，所以为其萌发和幼苗生长提供了极为有利的条件。

此外，紫茎泽兰具有广泛的适应性和抗逆能力，无论是在向阳、开阔的自然草场、公路两旁，还是在荫蔽的树林，都能成片生长，甚至在石缝、瘠薄的土壤中也能生长发育。在云南，紫茎泽兰垂直分布在海拔165～2915米之间，高差达2750米。

## 异国逞凶

紫茎泽兰在生理特性、种子的传播方式、繁殖方式、环境适应性等方面的突出表现，使它在适宜的生态和气候条件下，可以迅速生长，建立自己的种群，对入侵地生态系统造成不可逆转的破坏，从而影响农业、林业、畜牧业的发展，造成严重的生物污染，因此紫茎泽兰又被称为“绿色杀手”。

紫茎泽兰是我国国家环保总局2003年公布的首批16种外来入侵物种之一，它侵占农田、林地，占领天然草地，危害人和动物，堵塞水渠，可以说是恶贯满盈。

紫茎泽兰入侵林地后，能导致更新造林保有率下降，严重抑制天然林更新和森林恢复；紫茎泽兰入侵荒山能阻止自然林木的生长和演替；侵入经济林区就会降低林木质量和产量，甚至导致树木死亡。在20世纪80年代以前，云南中部地区森林砍伐地、火烧地只要封山3～5年，旱冬瓜就长满山坡。而现在到处只见紫茎泽兰，山间小路被阻塞，经济林成片死亡。

受紫茎泽兰危害比较大的作物

紫茎泽兰入侵农田、果园及甘蔗园、桑园、茶园等生长地后，快速生长，大量消耗土壤中的氮、磷、钾等养分，使土壤肥力下降；同时，还与农作物争夺水分和阳光，降低农作物的产量。据研究，紫茎泽兰入侵大约7个月后，土壤中的速效

牲畜大量进食紫茎泽兰会导致生病甚至死亡

氮、磷、钾分别下降56%～96%、46%～53%和6%～33%，导致土壤肥力严重下降，可耕性受到破坏，造成土地退化。

在四川凉山彝族自治州和攀枝花市进行的调查显示，生产量受紫茎泽兰影响比较大的农作物是玉米、果树、烟草、小麦和水稻，此外还有桑树、花椒、香蕉和其他水果等。紫茎泽兰入侵的耕地、轮歇地，都会造成耕作困难、农业成本加大等后果。同时，紫茎泽兰还侵占排水沟渠，严重阻塞渠道，影响灌溉与排水，增加除草和化学除草等农业成本，给农业带来了很大的经济损失。

紫茎泽兰含有香茅醛、香叶醛、乙酸龙脑脂、樟脑等易挥发成分，这些化学成分具有特殊气味，能够对人和牲畜具有致昏作用。在紫茎泽兰开花时节，人们在成片的紫茎泽兰中活动时，紫茎泽兰花粉和果实上的冠毛容易被人吸入呼吸道，刺激黏膜，过量则引发头昏、胸闷、打喷嚏、花粉过敏等不适反应；牲畜过量吸入则引发哮喘症状，重者会引起肺部组织坏死和死亡。当牛、马、羊等动物大量进食紫茎泽兰叶、花后，其胃内较多单宁及紫茎泽兰内酯等成分富集，刺激动物胃部黏膜，降低动物胃的消化功能，轻则致腹泻、脱毛、走路摇晃，重则致使母畜流产，甚至四肢痉挛，最后死亡。据报道，云南临沧地区因紫茎泽兰引起的马匹死亡就多达数万匹，四川凉山彝族自治州因紫茎泽兰危害而减产数万头牛羊，畜牧业损失十分严重。

在紫茎泽兰严重泛滥的地区，由于牧草较少，当地农民只好用紫茎泽兰垫畜圈。大量紫茎泽兰堆积在一起，在适宜的温度、湿度条件下，产生混合酸性物质，当达到一定浓度时，会对动物的蹄子（主要为钙质）造成一定的腐蚀作用，进而引起烂蹄发炎。畜圈越潮湿温度越高，发生动物烂蹄发炎现象就越严重。人在下田沤肥时也会造成手脚皮肤发炎，因此，有人又将紫茎泽兰称为“烂脚草”。

紫茎泽兰含有一些易挥发的化学物质，能够导致人和动物昏迷

## 四种对策

所谓“知己知彼，百战不殆”，要想战胜猖狂的紫茎泽兰，就要了解它的特性。紫茎泽兰在入侵地一般会经历种群建立期、停滞（或潜伏）期和扩散期。如果在它入侵前建立外来入侵物种防御体系，或者建立外来入侵物种早期预警体系，在其建立野外种群时予以清除，或在停滞阶段清除，紫茎泽兰便不会发展到不可控制的状况。控制手段采取得越早，成功的可能性越大。

预防紫茎泽兰暴发生长可以采取以下几种措施：一是加强植物检疫，引进植物时，应对引入目的、植物种类、引入地点、种植面积、可能的扩散地区等加强监管；二是建立防范体系，加强引入渠道的管理；三是减少裸露和荒废土地，大量种植本地速生树种。

对于已经大面积入侵生长、对入侵地生态系统造成了严重破坏的紫茎泽兰，我们可以选择化学防除和人工防除相结合的方法集中治理。

紫茎泽兰是一种浅根系植物，容易挖除。当紫茎泽兰植株失水率达35%以上时会丧失萌发能力。因此，适时采用人工挖除或机械翻挖，可清除紫茎泽兰。一般是在雨季结束后的2个月，这时的土壤湿度便于翻挖，又不利于紫茎泽兰根、茎萌发。可选择阳光充足时进行挖除，使紫茎泽兰植株失水率很快达到35%以上，其根、茎不再具有萌发力，从而导致全株彻底死亡。

俗话说，治沉疴还需猛药。化学防治虽不能根除紫茎泽兰，但对危害严重、面积大，人工清除有困难的地方适当采用化学药剂进行防治，结合人工清除，在一定范围内是可行的。在使用时，要远离水源和人群，保护环境与生物安全。

在紫茎泽兰的营养生长期，可以利用草甘膦水剂加洗衣粉，或用2，4-D加敌草隆进行叶面喷雾来防除，效果良好。此外，敌草隆、毒草胺、草甘膦、盖灌能、毒树剂等对紫茎泽兰均有一定的防治效果。

生物防治对于外来入侵物种是一种环保的有效方法。科学研究

发现,泽兰实蝇具有专一寄生紫茎泽兰的特性,以幼虫蛀入紫茎泽兰幼嫩枝茎的端部形成虫瘿,蛀食、刺激寄生部位,阻碍植物体根、茎、叶三种器官的循环功能,阻碍养分的输送,从而抑制紫茎泽兰的光合作用及有机物质的积累与分配。它还阻碍紫茎泽兰的生长繁殖,使其花粉发育不良、籽实不饱满,甚至抑制植物的花蕾不开花、从而无法授粉,不结籽实,导致种子的长度、宽度、种子活力以及萌发率和出苗率都呈下降的趋势,从而有力地抑制了紫茎泽兰的大面积传播危害。

另外一些研究发现,链格孢菌菌株所产生的毒素,对紫茎泽兰具有严重的破坏作用。它对紫茎泽兰的幼苗期、成株期的叶片有明显的致病性,还对紫茎泽兰叶片的光合作用具有影响。利用该毒素处理紫茎泽兰叶片,紫茎泽兰的光合放氧速率会显著降低。

水边的紫茎泽兰

菟丝子也能寄生于紫茎泽兰，导致其大片死亡。菟丝子寄生后生长速度快，分枝多，能够缠绕在紫茎泽兰的茎上产生吸器，吸收紫茎泽兰主茎上的营养成分，争夺其养分和水分，使紫茎泽兰主茎生长缓慢，甚至不能生长，使其叶片也因为营养不良而变黄甚至整株枯死。虽然菟丝子本身也是一种杂草，但人们对利用其防治紫茎泽兰的方法已经比较成熟，不会对其他农林业及生态环境构成较大的威胁。因此，菟丝子可以作为紫茎泽兰生物防治的一种手段，在一定程度上控制紫茎泽兰的进一步扩展和蔓延。

植物替代控制是一种生态控制的方法，具有经济、生态和可持续的特点，目前对于紫茎泽兰的替代控制逐步受到重视，并取得了一些成果。在零星分布的紫茎泽兰入侵的草地上，经过人工或机械防除后，立即种上牧草等密植速生植物，用存活能力强的植被来抑制紫茎泽兰生长，起到排除紫茎泽兰的作用。如种植兰叶豆形成密丛可有效阻止紫茎泽兰危害的发生，并抑制紫茎泽兰的生长，同时在其种群中放养紫胶虫，不仅可控制紫茎泽兰的危害，还能够取得较大的经济效益和生态效益。研究表明，种植狗牙根、刚莠竹、白三叶、兰桉以及华山松等，均可减少和避免紫茎泽兰的侵占，最终可实现植物替代；禾本科的臂形草、野古草、棕叶芦等以及豆科的红三叶草等，生长旺盛、竞争能力强、覆盖度大，对紫茎泽兰的滋生繁殖和入侵具有较强的阻击作用。在四川，种植象草、皇竹草、狗尾草等多年生优质牧草来防治紫茎泽兰取得了较高的生态和经济效益。

### 外来物种和外来入侵物种

外来物种是指在一定的区域内，历史上没有自然分布，而是直接或间接被人类活动所引入的物种。当外来物种在自然或半自然的生境中定居并繁衍和扩散，因而改变或威胁本区域的生物多样性，破坏当地环境、经济甚至危害人体健康的时候，就成为外来入侵物种。

白三叶

## 点铁成金

虽然紫茎泽兰无恶不作，但我们可以点铁成金，使之为我所用。

科研人员利用紫茎泽兰植株成功研发制作出清洁炭。他们将紫茎泽兰植株晒干，切成长度为30厘米以下的草段，烘干，得到干草段；将干草段进行粗粉碎，得到干草粗粉；将干草粗粉与锯木粉、橡子壳粉按照一定比例混合，搅拌均匀成混合物，用制棒机在高温高压下塑化成型，得到炭坯；最后将炭坯在炭化炉里进行干馏和高温净化，制得清洁炭。

这种清洁炭发热量高于普通木炭，甚至高于煤，在工业上还可作为替代煤的燃料，或作为碳化硅、二硫化碳、活性炭、蚊香、炸药等产品的炭源。它是一种清洁燃料，燃烧时无烟、无味、无毒，点燃容易，携带方便，是家庭取暖、烧烤食品、野营旅游、野外加热等许多场合的理想燃料。这项发明可使紫茎泽兰这种破坏性草变为燃料资源，通过收购紫茎泽兰的方法大量采集紫茎泽兰，化害为利，实现了紫茎泽兰的规模化治理。

紫茎泽兰幼嫩主茎干中的粗蛋白质含量达20%左右，含多种氨基酸，是一种潜在的良好饲料。云南已研制出了使紫茎泽兰脱毒作饲料的工艺流程，并且在腾冲县被开发成绿色饲料，为防治和利用紫茎泽兰开辟了一条新路。用紫茎泽兰饲喂猪、鸡、鱼效果优于麦糠，饲喂草食动物效果优于牧草。

紫茎泽兰属多年生草本植物，可作为一种野生有机肥料资源加以利用。据测定它含有氮、磷、钾等农作物需要的营养元素，是一种很好的野生有机肥料。紫茎泽兰进入旺盛生长期后，分枝量和生长量都比较大，能产生大量的幼嫩茎、叶供生产利用。利用途径有如下一些。一是割青用作堆肥原料。在紫茎泽兰的营养生长期，采集幼嫩的茎、叶，用铡刀切成10～15厘米，并加少量的厩粪堆沤发酵，1个月后取出作基肥。二是割青用作沼气肥原料。在紫茎泽兰的营养生长期采集幼嫩的茎叶，用铡刀切成20～30厘米，放入沼气池中，加入人畜粪尿、厩粪共同发酵，剩余的待清除池粪时作基肥施用。三是割青用作地面覆盖物。采集幼嫩的紫茎泽兰茎、叶，切成20～30厘米，覆盖在种植作物的墒面，既可以保水又可肥地。四是铲草烧灰用作肥料。在冬春季节，结合清洁地埂和耕地周围的荒坡，铲除紫茎泽兰晒干，与腐殖土混合燃烧制“草土灰”使用。

利用紫茎泽兰茎干制作刨花板的技术也已经从研发到了应用的阶段。在云南，已经成功研制出国内首条紫茎泽兰高压微粒板生产线并正式投产。此生产线可年产7000立方米紫茎泽兰刨花板，一方面从科技利用角度缓解了紫茎泽兰对生态环境的破坏和对植物、牲畜及人体的危害；另一方面从经济角度实现了对紫茎泽兰的利用。由于紫茎泽兰来源广泛，价格低廉，生产过程中能耗低，因此紫茎泽兰刨花板适合在云南推广，是一项可持续发展工程。在治理环境的同时，对贫困地区脱贫有积极意义。由于紫茎泽兰材质软，比木材更容易切割，生产能耗可降低20%左右，这就使得紫茎泽兰刨花板具有质优价廉的特性，市场前景广阔。

狗尾草

云南大理白族自治州巍山县自古有制作扎染的传统技艺，民间工匠们发现那些生长在田间地头的紫茎泽兰可以用来染黄色布料，染出来的颜色鲜艳明亮而且不易褪色。扎染厂每年要消耗数万吨紫茎泽兰，同时也给当地农民增加了收入。用植物染料是扎染的传统技艺。它比化工染料的成本低很多，而且不会危害人体健康。紫茎泽兰有一种特殊的气味，用它染出的布料有驱除蚊虫的特殊功效，染过布的废料还可以做肥料。过去扎染只有一种传统的深蓝色，是用专门种植的板蓝根制作的。自从开发了紫茎泽兰后，丰富了扎染的色彩，使这种民族民间工艺变得更加五彩缤纷、绚丽多姿。现在巍山的扎染产品大多用于出口，尤其受到日本、欧洲客户的喜爱。

科学工作者从紫茎泽兰植株中分离到5种具有昆虫拒食活性的化合物。用紫茎泽兰的水浸提液做土壤抑菌分析，发现紫茎泽兰对土壤中细菌、真菌和放线菌具有抑制作用，说明紫茎泽兰植株中存在着有生物活性的化感物质，对其他植物具有抑制作用，对昆虫具有驱避作用和拒食作用。因此，可利用紫茎泽兰生产生物农药。

云南一些工厂试用以紫茎泽兰精油为主调制日化香精。这种香精具有香气纯正的特点，可遮盖表面活性剂的不良气味，并调和添加的中草药提取物气味。由此可见，紫茎泽兰也是一种具有开发前景的香原料。

紫茎泽兰可以用于常见疾患的治理，对蚊虫叮咬引起的瘙痒、肿块、稻田性皮炎、疮疖，取紫茎泽兰鲜叶适量揉出汁液涂抹患处，可起到消肿止痒之功效。

总之，对于紫茎泽兰来说，亡羊补牢虽比不得防患于未然，但这样至少可以尽可能地把损失降到最低，要是再能够变废为宝、化害为利，则是最理想的结果了。

（徐景先）

## 深度阅读


万方浩，郑小波，郭建英. 2005. 重要农林外来入侵物种的生物学与控制. 1-820. 科学出版社.

鲁萍，桑卫国等. 2005. 外来入侵种紫茎泽兰研究进展与展望. 植物生态学报，29(6): 1029-1037.

韩利红，冯玉龙. 2007. 发育时期对紫茎泽兰化感作用的影响. 生态学报，27(3): 1185-1191.

杨国庆，万方浩等. 2008. 入侵杂草紫茎泽兰的化感作用研究进展. 植物保护学报，35(5): 463-468.

鲁萍. 2011. 重要外来入侵植物入侵性的研究. 1-46. 中国农业出版社.

刘济明，欧国腾，蒙剑. 2012. 入侵植物——紫茎泽兰. 1-630. 贵州人民出版社.

环境保护部自然生态保护司. 2012. 中国自然环境入侵生物. 1-174. 中国环境科学出版社.

# 胜红蓟

*Ageratum conyzoides* L.

胜红蓟是植物界利用“化学武器”的高手，以此它才能够在强敌林立的环境中抢占一块地盘，并且成功地站稳脚跟，繁衍生息。事实上，胜红蓟与我们之间并无深仇大恨。相反，如果能在对它们加以严格防范的基础上为我所用，说不定还会为人类带来福祉。从某种意义上讲胜红蓟就像是压在五指山下的孙悟空，既然我们撕下了封印，就应该负起教化它的责任。

## 了不起的植物

持续了3年的叙利亚内战，导致了巨大的人道主义灾难，而国际社会由于意见分歧而对此一筹莫展。2013年8月，在大马士革东部郊区发生了化学武器袭击事件，对此，联合国安理会一致通过了一项有关叙利亚化学武器问题的决议。叙利亚当局被迫同意销毁其持有的化学武器，并于当年10月正式成为禁止化学武器组织的成员国，而禁止化学武器组织则获得了2013年诺贝尔和平奖。这是叙利亚内战以来取得的唯一成果。

为什么是化学武器的使用而不是其他方面的因素，使得国际社会统一了意见呢？这是因为化学武器杀伤力强，杀伤范围大，持续时间长，中毒者后遗症严重，容易造成严重的人道主义灾难，而且对环境破坏也很严重，因此国际社会达成了共识，要禁止化学武器的使用。

化学武器的使用由来已久，最早甚至可以追溯到公元前400多年。然而，发明和使用化学武器的鼻祖却非人类，而是植物。事实上，植物之间以及植物和动物之间使用化学武器的规模，一点也不逊色于人类，而且这种化学武器的战争至今仍然还在继续着。

在这里，我们就来谈一谈一种善于使用化学武器的植物——胜红蓟。在进入正式话题之前，还得请读者诸君耐下性子，容我花点时间啰唆一下植物世界里为什么盛行化学武器。

自从古希腊哲学家亚里士多德将地球上的生物划分为动物和植物两界以来，这种分类方法在人们的思想中已经

荒野中成片生长的胜红蓟

根深蒂固：大多数动物可以自主移动，植物自身则不能移动。当有危险来临时，动物会抵抗、隐藏或者逃跑，而植物却只能待在原地，直面危险。但是植物并不像待宰的羔羊那般束手无策，它们在长期的进化过程中发展出了一整套防御策略，有的身上长满尖刺，有的将自己伪装起来，让掠食者无法发现，有的植物制造出对掠食者有毒的化学物质，还有的植物甚至雇用其他生物来保护自己。因此，植物的化学武器只是它们的防御策略之一。幸好有了这些防御策略，我们才能看到色彩纷呈的植物世界。

言归正传。话说本文的主角胜红蓟在中文的世界里有许多“马甲”，在各地分别称之为霍香蓟、一枝香、咸虾花、毛麝香、蝶子草、南风草、柳仔黄、白花草、白花臭草等，在世界各地也有各种称呼。但是，胜红蓟的学名是*Ageratum conyzoides* L.，其属名*Ageratum*来自

胜红蓟的复伞房花序

希腊语a geras，是不会衰老的意思，表示这种植物的花期很长；种加词*conyzoides*来自希腊语konyz，后者是希腊人称呼土木香的名称，因为胜红蓟与土木香长得非常相似。尽管如此，这两种植物并非来自同一个属，胜红蓟是霍香蓟属的成员，而土木香属于旋覆花属的成员，但是两者都属于菊科植物这个大家庭。

菊科植物的特征通常都很明显，不太容易与其他的植物相混淆。它们的大部分成员都是草本植物，胜红蓟也未能例外。具体说来，胜红蓟是一种直立的一年生草本植物，茎干的高度通常介于30～100厘米之间。但是也有极端的，例如生长在喜马拉雅山脉的一些植株甚至长到了2米的高度，超过了我们普通人的身高。而在另外一些地方，它们又甚至很难超过10厘米。这种植物的茎干表面着生着一层细细的白毛，叶片对生，有着长长的叶柄，叶片表面同样覆盖

胜红蓟黑褐色果实上具白色柔毛

着一层稀疏的白色短柔毛，并分布着一些黄色的腺体。每一个头状花序有30～50朵花，这些花自身不育，花色多样，从淡紫色到浅蓝色再到白色，应有尽有，看上去十分漂亮。每4～18个花序通常排列在茎干的顶端，形成复伞房花序。所结果实为瘦果，黑褐色，有白色稀疏细柔毛，长度仅在1～2毫米之间，非常利于靠风传播。除了风之外，种子传播的另一主要途径就是水流。但是，种子的萌发需要充足的光线照射，如果在一年之内无法获得足够的光照，它们的萌发能力即会丧失；如果种子在流水中随之漂荡，就很难在合适的地方停留下来安家落户。因此，对于这种植物来说，产生种子只是完成了传宗接代的一部分任务，而把种子送到光照充足的地方同样至关重要。

在胜红蓟的原产地，它们还面临着另一重困难。胜红蓟原产

胜红蓟茎秆、叶柄上长满细细的绒毛

蓝色花

淡蓝色花

白色花

胜红蓟是植物界中使用“化学武器”的高手

于中美洲和北美洲的东南地区，但其起源中心在中美洲和加勒比地区。我们知道，这一地区生物多样性极高，在有限的土地里，生养着大量的物种，每个物种平均所能获得的资源自然不会太多，因此它们的地盘难免会被其他物种所觊觎，物种之间的竞争十分激烈，我们甚至可以用残酷一词来形容。对于像胜红蓟这样孱弱的草本植物来说，要想在强敌林立的环境中抢占一块地盘，并且成功地站稳脚跟，繁衍生息，必须采取非凡的手段，即大量生产和应用化学武器。具体情况，容我慢慢道来。

## 强大的化学武器——早熟素

霍香蓟属大约包含30种植物，但是只有少数种的化学成分得到了比较充分的研究，胜红蓟即是其中的一种。为什么科学家会选择胜红蓟进行广泛而深入的研究呢？这可能跟胜红蓟的一些外在特征有关：它们会散发出一种特殊的气味，与雄山羊的气味十分类似，因此它们在澳大利亚还有“山羊草”之称。我想，正是这种特殊的气味吸引了科学家的目光，他们要对此一探究竟吧。

科学家采用了各种实验手段对胜红蓟体内的化学成分进行了分析，既有传统的方法，也有现代化的仪器；既分析它们叶片里面的化学成分，也分析它们根和茎里面的化学成分，甚至花和种子里面的成分也要弄得一清二楚；既抽取植物体内的水溶性化学物质，也抽取植物体内脂溶性化学物质——总而言之，凡是能够想到和做到的，科学家都去做了。

迄今为止，我们并没有完全弄清楚胜红蓟体内所有的化学物质，但是这并不表明那么一大批科学家的工作白费了。事实上，研究的结果很好地满足了他们的好奇心。科学家发现，胜红蓟植株的不同部位均含有挥发性油，但是含量不一样。叶片里挥发油的含量最高，达到0.11%～5.8%，根部则较少，介于0.03%～0.18%之间。花瓣中的水提物为0.2%左右，而种子中的石油醚提取物可达26%。

进一步的分析发现，这些挥发油是十分复杂的混合物，其中含有至少200种化学成分，确定的化学成分有胜红素、单萜、倍半萜、苯并吡喃等化学物质。挥发油中最主要的成分是早熟素Ⅰ和早熟素Ⅱ，占挥发物的80%以上。胜红蓟体内的类黄酮类化合物也非常丰富，目前已报道的此类化合物达20余种。此外，科学家还从胜红蓟体内分离出三萜、固醇及植物碱等化合物。

我不知道读者朋友们是否会被这些化学名称绕得云里雾里，反正我自己很晕，因此，我在这里并不试图仔细地介绍这些化合物。

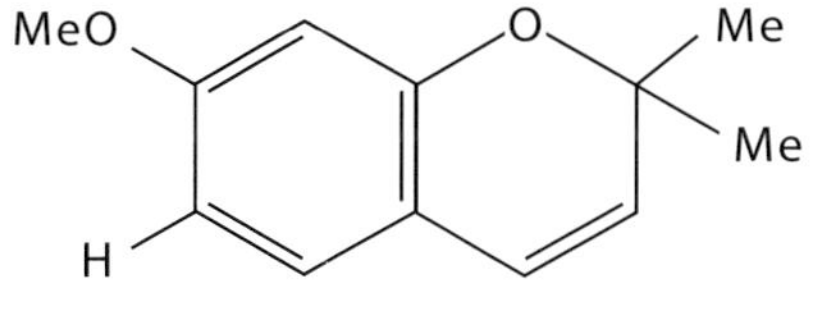


早熟素Ⅰ的分子式

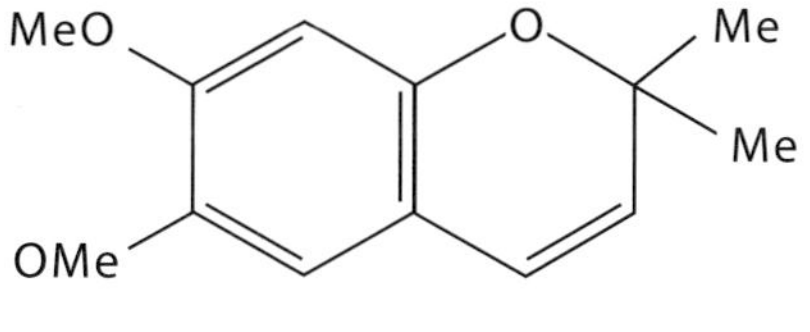


早熟素Ⅱ的分子式

但是，至少我们应当清楚，胜红蓟的体内含有种类异常丰富的化学成分。

胜红蓟生产如此之多的化合物做什么呢？不会是吃撑了没事干，生产这些化学品来玩吧？答案当然是否定的。在进化生物学领域，有一个理论，就是生物不会将有限的资源用于制造一些无用的器官或结构，因为那样太浪费了，容易被自然选择所淘汰。我们人类为什么没有长尾巴呢？因为尾巴对我们没有任何用处。当然，到了人类的行为方面，自然选择定律似乎失效了，因为他们对自然资源的浪费极其严重，这是值得大家警醒的。

回到我们的主题上来。我们知道，自然选择不会让胜红蓟无缘无故地制造如此多的化合物，这些化合物肯定有某些方面的用途，会给胜红蓟带来好处。那么，好处是什么呢？

熊耳草

让我们从两种化学成分——早熟素Ⅰ和早熟素Ⅱ——谈起，来看看这些化学物质会给胜红蓟带来什么样的好处。

早熟素Ⅰ和早熟素Ⅱ最早是由科学家从霍香蓟属的另一个成员——熊耳草中分离出来并命名的，科学家后来又从胜红蓟中分离出来这两种化合物。顾名思义，我们从这两种化学成分的名称中就能隐隐猜出它们的一些性质。没错，它们能促使昆虫等动物早熟。

有许多读者朋友知道，昆虫在生长发育过程中，形态要经过多次变化，多数种类都要经过卵、幼虫甚至经过蛹的阶段才可变为成虫。在各个阶段，都需要相应的激素起着调节和控制作用，因此激素的类型和含量对于昆虫整个生活史的顺利完成具有举足轻重的作用。昆虫在幼虫期会由咽侧体分泌一种保幼激素，使得它们自孵化后可以继续保持幼虫的状态，并正常发育到最后一龄才蜕皮化蛹，顺利完成其生活史。早熟素的作用正好与保幼激素相反，它使得昆虫提前变态，无法顺利完成生活史。其机制包括抑制昆虫咽侧体分泌

马铃薯叶甲

保幼激素，这样昆虫就会过早蜕皮成熟而很快死亡；或者促使昆虫停止产生性激素，因此无法完成正常的交配和产生后代。

到了这里，我想读者朋友们自然就明白了，原来早熟素Ⅰ和早熟素Ⅱ是胜红蓟和它的兄弟们用来对付昆虫的，以防止昆虫采食，它们是胜红蓟的防身武器。

早熟素的防御效果如何呢？科学家用早熟素Ⅱ处理新羽化的长蝽成虫，5天后发现其卵巢已经停止发育，但是如果同时用保幼激素和早熟素Ⅱ处理，则昆虫的卵巢发育不受影响；用早熟素Ⅱ处理过的成虫再也不会出现交配行为；把早熟素Ⅱ涂在马铃薯叶甲腹部21天后，有3/4的个体不再取食了，而是钻入土中进入滞育状态，也就是说，它们不再发育了。由此我们看出，早熟素对昆虫的抑制是卓有成效的。

除了防御动物采食，胜红蓟体内的早熟素Ⅰ和早熟素Ⅱ以及其他的化合物，对植物也有化感作用。这些化合物进入周围环境有多

种方式。其一是其中的一些化合物具有挥发性，它们被分泌出体外后就挥发到周围空气中；其二是这些化合物被分泌到叶片表面——我们前面已经介绍了，胜红蓟的叶片表面具有不少的腺体——然后再经雨水淋溶到达周围环境；其三是茎叶腐烂后，这些化学物质自然而然地进入土壤。胜红蓟根茎中的化学物质会抑制周围植物的种子萌发、生长发育，而叶片内的挥发性物质则抑制其他植物的幼苗生长。在胜红蓟周边的土壤中因渗透了这些化合物，使得周边生长的植物的根系、茎干长度及生物量明显减少。当胜红蓟生长的环境营养相对不足的时候，这种化感作用会明显加强，因此，胜红蓟周边几无其他植物生长。

有些读者朋友可能会有点担心，如果胜红蓟一直这样分泌化感物质，它们一直积累下去，其他生物岂不是节节败退，而胜红蓟的领地会越来越广，最后整个天下都是它的？这种担忧当然并非毫无道理。但是大自然妙就妙在它有很好的机制来防止这类事情的发生：这回轮到一种被称为荚膜黄杆

胜红蓟产生的化学物质，严重影响到周围包括农作物在内的其他植物的生长发育

菌的微生物登台亮相了。这种细菌可以成功地降解胜红蓟等植物分泌的早熟素Ⅱ。事实上,凡是自然界中存在着的物质,无论它们的结构多么复杂,都有相应的微生物可以将它们分解,最后返回环境中,为其他生物所利用,这是地球上新陈代谢得以持续的基础。只不过这些过程有时候是由单一的物种完成,而更多的时候则是由多个物种协同完成或者接力完成。无论如何,大自然不会容许任何物质堆积,因此胜红蓟虽然坚持不懈地制造和分泌出大量的化学物质,但是这些物质终归为其他微生物所降解。对于胜红蓟而言,所幸的是,在这些物质被分解之前,它们已经成功地驱逐了天敌,捍卫了自己的领土。

知识点

### 化感作用

化感作用是指自然界的植物和微生物通过自身分泌、雨雾淋溶、挥发或者残体分解等途径向周围环境释放化学物质,从而抑制或促进周围其他植物或微生物生长发育的现象,是植物间传递信息的一种方式。

化感物质分布于植物的根、茎、叶、花、果实或种子中,一般分子量较小,结构较简单。根据它们的性质可分成脂肪族化合物、萜类化合物和芳香族化合物等几类。

就这样,胜红蓟在中美洲这片土地上繁衍着、生长着。每年从种子萌发,到幼苗长大,再到开花结果,再到叶落枝枯,年复一年地如此循环着,竞争者和掠食者既无法减损其领土,它们自身也无法实现更多的扩张,双方维持着一种势力的平衡。

## 一次特殊的旅行

在世界的某些地方,胜红蓟似乎具有某些魔力,它们被人们所崇拜,以保佑这些人不要被蛇咬伤;而在另一些地方,人们相信胜红蓟叶片中的汁液会给他们带来好运,因此在他们玩牌的时候,会将这些汁液涂抹在他们的手上。在庭审判案的时候，先将胜红蓟叶片中的汁液涂抹在嫌犯身上，然后用针去扎，只有嫌犯真正有罪的时候，他们才能感觉到疼痛——法官的工作量由此减少了许多。当然，在这些传说流行之前，胜红蓟先要完成一次特殊的旅行。

在历史上的某一天，胜红蓟在自己的领土上迎来了一个特殊物种。当然，它们对这个物种并不陌生，它们其实相邻已久，几乎天天都会见面。我们已经知道了，胜红蓟的花非常漂亮，我想，那个物种肯定被这些隐隐透着一种诱惑的小蓝花吸引住了，因此决定将这种植物带走。

这肯定不会是胜红蓟种子的第一次旅行。在此之前，有多少次风把它们的种子带到了其他地方，甚至有可能路

在我国，胜红蓟首先在香港出现

过的动物也不会介意让它们搭一下顺风车。但是，这次旅行所产生的影响将远远超过之前所有的旅行，因为，携带它们旅行的这个特殊物种是——人。

是的，胜红蓟随着人类的步伐已经来到了泛热带地区，广泛分布于北纬20°至南回归线之间的地带，其分布海拔高度能达到3000米以上。它们到达每个地方的确切时间目前无法确定，但是可以确定的是，最迟在1697年，比利时已经有栽培，这是可以追溯的最早引种记录，栽种胜红蓟在欧洲一时风行。

我国的胜红蓟最初发现于香港。那是第一次鸦片战争后的1845年，曾在战争中担任“硫磺号”二副的亨利·奇力被任命为探险船“先驱号”的船长，于6月26日从英国普利茅斯出发，

在世界范围内进行考察。“先驱号”在考察了南北美洲后，于1850年12月1日抵达香港，在那里停留22天后离开。就像“贝格尔号”上有达尔文一样，“先驱号”船上也有一位叫伯特霍尔德·希曼的植物学博士，他沿途采集了大量植物标本。这些标本经鉴定后，希曼于1857年将它们集结成一本专著发表，涉及香港585种双子叶植物，119种单子叶植物，以及少量的裸子植物、蕨类植物、苔藓及地衣，而胜红蓟也位列其中。希曼发表的《香港岛植物志》也是香港的第一部植物志，而奇力——“先驱号”的船长后来被英王封为爵士，香港有多个地名来源于他的名字，包括奇力岛、奇力山和奇力湾。毫无疑问，胜红蓟来到中国的时间肯定早于1850年，至于以什么途径来到中国，又是谁把它们带来，目前已无从考证。

除了人类的帮助外，胜红蓟有几个特点非常适合它们在全球扩张。其一是旺盛的繁殖力。花期从每年的7月到次年的3月，有8个月之久。在昆虫的帮助下，它们很快完成授粉的过程。每株胜红蓟每年可产生4万多粒种子，这些种子萌发率几乎可以达到50%。可想而知，要是没有天敌遏制，它们会是多么的疯狂。其二是胜红蓟的根可以宿存在地下多年。它们还可以通过地下茎进行繁殖，从而像竹子那样快速扩张。其三它们的表型可塑性很高，能够在多样化的生境中生长。其四它们具有撒手锏——能制造种类丰富的化学物质。

番茄

## 喜忧参半

胜红蓟的优势很快就成了土著种的噩梦，尤其是它们产生的化学物质，严重影响到周围包括农作物在内的其他植物的生长发育。研究表明，胜红蓟存在的地方，农作物减产，减产的量与胜红蓟的密度成正比。另外，胜红蓟存在的地方，物种丰度指数明显降低——丰度指数是用于衡量一个地区物种多样性的指标，该指数越高，说明物种多样性就越高。基于本文前述的理由，这些影响一点也不令人惊讶。胜红蓟的环境改变了，但是它们的本性却没有随之变化。

金腰箭

胜红蓟给当地植物带来的另一个影响则是我们没有预料到的。2003年，有人在坦桑尼亚的番茄种植园里发现，番茄黄化曲叶病毒也可以感染胜红蓟。由于胜红蓟在当地大量生长，它们成为这种农业病原的仓库和源头，给番茄黄化曲叶病毒的防治带来了巨大的麻烦。同样的情况也出现在巴西，只不过在那里它们成了香蕉线虫的寄主。在印度，它们又成了青枯布克菌的传播桥梁，后者是马铃薯的病原菌。胜红蓟本身也携带一种黄脉病毒，这种病毒同样会感染一点红、金腰箭等植物，使之出现叶脉黄化、叶片不正常地向下扭曲。

胜红蓟本来是倾向于生活在泛热带地区，例如，在我国，它们多年以来只生存于广东、广西、云南、福建和海南一带，但是人类的工业活动又间接地帮了它们一个忙：全球变暖，使得它们有能力向温带迁移。在2006年的时候，我国南京发现了胜红蓟的分布。人类似乎已经不能阻止胜红蓟向温带发展了。

疯狂生长的胜红蓟

即便如此，我们仍然不会放弃防止胜红蓟泛滥的希望。首先，它们的根系较浅，很容易拔除。因此，如果我们赶在它们结实之前动手拔除的话，是有希望将它们控制住的，特别是在局部地区。我的建议是，在将这些植物拔除后，最好是接种一些荚膜黄杆菌，它们就会分解胜红蓟的分泌物，其他植物因而可以迅速地生长起来。其次，在没有人为干扰的地方，其实它们不占优势，因为它们需要较多的光照，周围的灌木和乔木一旦生长起来，它们自然无法大量生长，其危害自然也就减少了。因此我们要牢记在心的一点，就是一定要保护好我们的生态环境，不要去干扰它们。

在胜红蓟影响较为严重的地方，也可以考虑利用除草剂和它的天敌。但是目前发现它的天敌的专一性很低，也就是说，它们除了可以杀灭胜红蓟以外，对其他植物也会造成伤害，因此除非万不得已，应当慎用。

事实上，胜红蓟与人类之间并无深仇大恨。相反，如果能在对它们加以严格防范的基础上为我所用，说不定还会为人类带来福祉。胜红蓟体内分泌大量的化学物质，这些物质有些可以药用，事实上，它们是世界上许多地方的传统药材。例如，在非洲，它们被大量用于治疗创伤和烧伤；而在印度一些地方，则将胜红蓟用来治疗痢疾等疾病。早熟素Ⅰ和早熟素Ⅱ可以用于生物防治，以控制农林牧业方面的虫害，而其他的一些物质则可以用于去除杂草。这些化学物质虽然对于不少农作物都有化感作用，但是对橘树的化感抑制及竞争作用并不明显，在柑橘园中引种胜红蓟，一方面可以排除其他杂草，另一方面，胜红蓟的枝叶脱落腐烂后可以增加土壤的肥力，改善柑橘树的生长条件，增加柑橘的产量。胜红蓟像是压在五指山下的孙悟空，既然我们撕下了封印，就应该负起教化它的责任。

柑橘园

（黄满荣）

## 深度阅读


万方浩，郑小波，郭建英. 2005. 重要农林外来入侵物种的生物学与控制. 1-820. 科学出版社.

郝建华，强胜. 2005. 外来入侵性杂草——胜红蓟. 杂草科学，2005(4): 54-58.

万方浩，彭德良. 2010. 生物入侵：预警篇. 1-757. 科学出版社.

徐海根，强胜. 2011. 中国外来入侵生物. 1-684. 科学出版社.

万方浩，谢丙炎. 2011. 入侵生物学. 1-515. 科学出版社.

江贵波，洪丹凤等. 2012. 入侵物种胜红蓟挥发物和渣液对蔬菜的化感作用. 新疆农业大学学报，35(3): 196-199.

# 肿柄菊

*Tithonia diversifolia* (Hemsl.) A. Gray

由于肿柄菊拥有艳丽夺目的花朵，当初人们为了得到它而花费了很多心思。但是，他们万万没想到，这个行为却为后世制造了很大的麻烦。如今它已经不再是花园里温顺的“小家碧玉”，而是荒野里“横行霸道”的有害杂草。肿柄菊给我们人类上了生动的一课。如何在引入观赏植物时，避免造成“引狼入室”的失控局面？需要我们深思。

## 有故事的名字

还记得几年前的冬天，我与几个同事一起赴云南进行野外考察。离开北京时，北方已经是天寒地冻，光秃秃的树木显得毫无生机。我们转机从昆明到西双版纳，出机场时看到身着夏季民族服装的人们，真有点儿时空错乱的感觉。第二天我们乘坐越野车从西双版纳热带植物园前往望天树公园，去考察素有“空中走廊”之称的望天树。在行进过程中，从车窗向外望去，天空是那么的蓝，云朵也是耀眼的白。在蓝天白云的映衬下，最吸引我的是在阳光照射下的明亮黄色，这些黄色的花朵在绿色叶子的映衬下，更显得光彩夺目。它们在公路的两旁一排排地站立，站姿并不挺拔，而是像毕业生或参加会议的人拍摄大合照一样，尽量把自己的脸露出来，这是一种开放式的生长。那一个个圆圆的花盘，就像是一张张笑脸在夹道欢迎我们，

让我不免有点受宠若惊的感觉。这些笑脸真的很像向日葵，可花盘却比向日葵小了很多，从这种花序的类型可以判断出它是菊科植物，但到底是什么种类，对于我这个对北方植物了解较多、南方植物认识不深的人来说，一时是想不出来了！

当地的植物学家告诉我，它叫肿柄菊，又叫假向日葵，是一种外来入侵植物，目前在云南分布很广泛，在南部地区几乎可以说是随处可见，主要占领了路旁、荒地等大片人为干扰多的地区。它引起了我浓厚的兴趣，于是，我从各个渠道去认识它、了解它，也希望让更多的人去关注到它的存在。事实上，以目前的情形看，人们想忽视它已经很难了！

肿柄菊的学名是*Tithonia diversifolia*（Hemsl.）A. Gray，它在分类学上隶属于菊科肿柄菊属。肿柄菊属全世界共有10种，原产地都是墨西哥和中美洲地区。其中属名*Tithonia* 来自古希腊语，是以一位特洛伊王子的名字命名的，他叫作Tithonus，译成中文是提托诺斯，是希腊神话中的人物。传说黎明女神厄俄斯爱上了人间的美少年提托诺斯，但苦于他是凡人，而她却作为女神是不死的，最终提托诺斯变成了蟋蟀，来永远的陪伴女神。这真是一个凄美的爱情故事，我至今也搞不懂鲜花烂漫的肿柄菊与忧郁的提托诺斯之间有什么必然的联系，还是仅仅用了他的名字而已。种加词*diversifolia*是形容这种植物有多样化的叶形，这是它在肿柄菊属中区别于其“亲属们”的重要特点。

除了肿柄菊这个名称，它还有许多形象又好记的中文异名。它在外形上与同属于菊科的向日葵很相似，所以人们又把它称为假向日葵、小向日葵、墨西哥向日葵等，

金光菊、异叶肿柄菊、臭菊也是人们根据它的特点取的异名。肿柄菊在我国台湾地区栽培时期更长，时间更久远，在当地的称呼也更多。“王爷葵”这个霸气的名字在当地很流行，可能是最初栽种在王府，后来到了寻常百姓家才得名的；也可能是它的茎高大挺拔，让人只能仰视，有种“高高在上”“傲视群雄”的威风，人们崇敬它才给了它这个霸气的名字。“五爪金英”则是根

肿柄菊在云南泛滥成灾

据它的叶分成5裂，好像五个利爪一样，也是个很形象的名称。此外，它还被称作是提汤菊、狄氏菊、异叶狄氏菊等。

## 庐山真面目

下面我将为大家揭开肿柄菊的“庐山真面目”，从外形上更直观地去认识它。从生活习性上讲，肿柄菊现在并不单纯是一年生的草本植物了。在它的原产地，它原本曾是一年生草本，但经过多年的“游历生涯”，它变得越来越强壮。在一些水土肥沃的热带地区，它由原来的“一岁一枯荣”演变得可以存活两年。不得不说，是环境改变了它。曾经的它，高度一般不会超过3.5米，而如今的它，可以说是今非昔比，为了吸收阳光而努力地向上生长，竟然能长到5米，已经颇有树的姿态了。

它的叶子交错生长，呈螺旋状排列在笔直的茎上。叶子不是贴在茎上生长的，而是有2～4厘米长的叶柄，与叶柄相连的是它的大叶片，长10～20厘米，宽6～10厘米，这么大的叶片把叶柄都压弯

肿柄菊木质化的茎干

肿柄菊的头状花序

了，于是，我们看到它的叶片总是向下垂的状态。叶片的形状非常有特点，整体看起来是近圆形、卵形至卵状披针形，但边缘不是完整的，而是向内凹陷，形成了3～5深裂，一般是5裂，很像我们张开的手掌，中央的裂片大，像兵器中的方天画戟的戟尖一样。叶片像精心雕琢的艺术品，它也仰仗着精美的叶片得到了“五爪金英”的美称呢！

作为菊科大家族中的一员，“头状花序”这个标志性特征是必不可少的。大家如果觉得这个名字不够具体，那么就请想一想我们熟悉的向日葵吧！肿柄菊被称作是假向日葵、小向日葵，主要是因为花序的相似性。头状花序通常称花盘，肿柄菊的花盘最外围由4层绿色的总苞片包着，有些“众星捧月”的感觉吧！我们一眼看上去，看到的是黄色的“花瓣”，像一个个黄色的小舌头一样，“舌尖”还分成三叉，请记住，这只是它“花瓣”的一种类型。花盘上有两种花，一种就是刚刚提到的像小舌头的，叫作舌状花；还有一种花，一定

向日葵的头状花序

头状花序中的舌状花和管状花

会被不了解它的人当成是花蕊，数量很多，体积小，叫作管状花。舌状花围在花盘的边缘，披着绚丽的黄色，向四周伸展开来，仿佛让我们看到了在奥运会上进行花样游泳比赛的少女们，集体组成了一个绽放的花朵。不过，准确点说，如果她们组成的是菊花的话，每一个人代表的不是一片花瓣，而是一朵花。也就是说，舌状花的每一朵花，仅有一片花瓣，它们围成一圈，尽管美丽，但却只是充当“花瓶”起装饰作用，不能结籽。可它们同样很重要，因为它们披着漂亮的“外衣”可以为“朴实无华”的管状花“招蜂引蝶”，吸引昆虫来为它们传粉。管状花的数量很多，有100多个，这样每一个花盘就能结出100多粒果实。

既然说肿柄菊是外来入侵植物，在入侵地真正应了中国的一句老话“外来的和尚会念经”。既然是“外来”，那么它到底来自哪里呢？原来，它的老家就在墨西哥，经过长期一代一代的繁衍和扩张，在墨西哥南面的哥伦比亚、危地马拉、洪都拉斯、尼加拉瓜、巴拿马等拉丁美洲国家也变成了它的故乡。在家乡时，它可是相当“乖巧温顺”的，在生活习性上一直都是一年生的草本植物，“个头儿”也没有我所见到的这么高大。“背井离乡”把它的叛逆性完全激发出来了。那么，它在中美洲生活得好好的，为什么要离开自己的老家、离开多年来熟悉的环境和邻居，到异国他乡去闯荡呢？作为一种植物，它“没手没脚”，不借助外界的力量是万难实现的。这个外力就是我们人类，我们帮它实现了远距离的迁徙，让它到达了世界上的很多地方，为它提供了“横行霸道”的机会！

现在，肿柄菊在全世界的热带和亚热带地区都有分布，包括欧洲、亚洲、北美洲、非洲和大洋洲，可算得上是全球入侵的植物了。而它大部分新的疆土都是靠它的美貌开拓的，也是因其美貌人类才把它不远万里甚至是远渡重洋请到异邦的。当初人们不辞劳苦，为了得到它而花费了很多心思，他们万万没想到，这个行为却为后世制造了很大的麻烦，有句老话说得好：请神容易送神难！

肿柄菊在我国首先登陆的地方是台湾。当年，来自荷兰的航海者把他们的船只停泊在了我们美丽富饶的台湾岛。这些航海者每到一处，都喜欢把当地一些珍奇的物品收集起来带走，并交换给对方当地没有的一些东西。因此，荷兰人来到台湾后，发现这里土地肥沃、民风淳朴、气候宜人，种植着许多珍奇的热带植物，但是在这些植物中没有肿柄菊。他们想到肿柄菊会很适应这里的气候条件，于是便把肿柄菊的种子留了下来，并告诉当地人，这种植物花很大，花期长，很好栽培。就这样，肿柄菊便在台湾

肿柄菊被称作是假向日葵，舌状花围在花盘的边缘，这漂亮的“外衣”可以为“朴实无华”的管状花“招蜂引蝶”，吸引昆虫来为它们传粉

正式地安家落户了。后来，它又来到了我国大陆的南方各地，经过一段相当长时间的安营扎寨，待“羽翼丰满”之时，它就实行了它的“逃逸策略”。肿柄菊在云南最早逃逸的时间可能是20世纪30年代，最初的逃逸地应是云南南部的热带地区。现如今，广东、广西、福建等地也在它的掌控之中了。

飞机草

从花园或苗圃中成功逃逸的肿柄菊，再也不是温顺的“小家碧玉”。面对公路两旁、荒地上它的长势，人们只能用“狂野”甚至“霸道”这些词来形容。它的入侵是绝对不能小觑的，不仅已成气候，而且潜力还很大。如果把它与在云南产生很大危害的紫茎泽兰和飞机草相比，肿柄菊目前的分布范围虽然尚不如紫茎泽兰广，但与飞机草的分布范围大致相当。综合各方面来看，它甚至比飞机草有着更为广泛的适应性，其种群实现灾难性扩散的潜力比飞机草还要大，真是个可怕的“潜力股”。

紫茎泽兰

## 拿手绝技

我们都看过向日葵成熟后结成的果盘，一粒一粒的葵花子数量惊人，数都数不过来。而这个墨西哥向日葵的结籽量也是绝对不容小觑的，每个花序结100多粒果实，每一棵有许多的分枝，每个分枝都可以结成果盘，只是简单的推算就知道它的结籽量是非常惊人的。它的瘦果很轻，能被风吹走，也能随水流而动，人或动物亦能间接地

向日葵果盘

帮它的忙，让种子有机会扩散到更大的范围。一旦种子落地，生根发芽的机会非常高。

除了有性繁殖，无性繁殖能力在它身上同样得到很好的发挥。它的特别之处在于它能从靠近地面的茎上长出新芽，这些幼芽会慢慢长成成熟的植物体。这个过程与禾本科植物分蘖的本领有些类似，还有更形象的比喻，就好比正在与妖怪打斗的哪吒三太子，突然就可以变出三头六臂，这也是哪吒制胜的法宝，没想到植物界的肿柄菊竟也有此法力，着实不简单。不仅如此，还有更为厉害的，当一些枝条倒伏贴近地面了，你可不能简单地以为它就会枯萎，失去生命力，恰恰相反，这对它来说可是个绝好的机会。它从倒伏枝条的叶结处向下萌发出无数不定根的同时，又向上萌生幼芽形成新的个体，真可以用我们熟悉的一个成语来形容：前仆后继。它通过这种方式能很快地增加植株密度，让其他植物在它的包围下无处栖身，从而形成单优势种群垄断群落。可见，肿柄菊是一种“道行高深”的植物，它的“智慧”不容忽视。

肿柄菊果盘

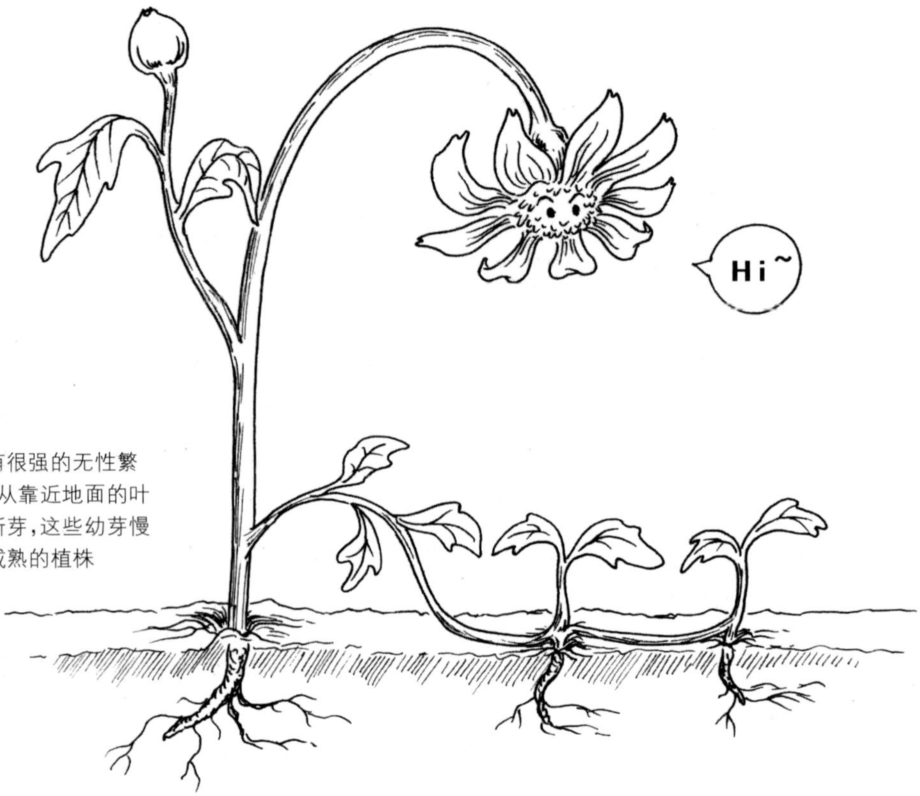


肿柄菊具有很强的无性繁殖能力，能从靠近地面的叶结处长出新芽，这些幼芽慢慢长成了成熟的植株

讲到这里，你若以为它的入侵特性已经讲完了，那你就错了，它还有更高明、更不"显山露水"的秘密武器还没有登场呢！那就是看似平和、实则非常凶险的化学武器——化感作用。化学战在人类战争历史上曾经出现过，1915年第一次世界大战的比利时战场就曾发生过。当时德军与法军陷入胶着状态。某日傍晚，法军阵地上突然浓烟大作，大片的黄绿色浓烟笼罩了整个阵地。一瞬间，士兵们咳嗽不止，不久便纷纷倒地而死。在浓烟中，面戴碱水浸湿毛巾的德军士兵缓慢地移动过来。这就是人类战争中残酷的化学战。想不到的是，植物之间的竞争中对化学武器的使用更为普遍且激烈。它们可以通过分泌化学物质影响对手、限制对手的生长，从而达到"排挤掉对手而独霸一方"的目的。肿柄菊就能分泌出一种化学物质，通过土壤作为媒介，作用到它周围的植物身上，主要是影响对方种子萌发和根系的生长。这句话看似轻松，其实非常严重，植物种子不能萌发、植物根系不能生长，对植物而言都是致命的伤害，最终会导致其丧失生存下去的能力。

横行山野里的肿柄菊

综合上面的介绍不难看出，繁殖特性和化感作用是肿柄菊能“独霸一方”的主要武器，两种方式结合起来更能发挥出强大的威力，造就了它强入侵性的特点。

## 亦敌亦友

肿柄菊植株排列紧密，“个头儿”又高，站立在公路的两旁，简直是形成了两道密不透风的草墙，让本地植物无从生根，严重地影响了当地的生物多样性。当初引种它是想用以装扮和美化我们的环境，现在怎样防治它却成为摆在我们面前的新任务。

人们对大自然的干扰给入侵植物提供了机会，只有把公路旁空地及荒地等合理地利用起来，不给肿柄菊以可乘之机，它们才不能像现在这样“肆意横行”了。

肿柄菊在我国的历史不长，人们对它认识并不深刻，可能好多生活在温带地区的人只是旅游时见过它。看了我的介绍，希望能让你对它有所了解，提前打一个预防针，虽然它“貌似天仙”，但却隐藏着许多祸患，不要被它“迷惑”，成为它传播的“帮凶”！

### 外来物种入侵的危害

外来物种成功入侵后，会压制或排挤本地物种，形成单一优势种群，危及本地物种的生存，导致生物多样性的丧失，破坏当地环境、自然景观及生态系统，威胁农林业生产和交通业、旅游业等，危害人体健康，给人类的经济、文化、社会等方面造成严重损失。

在结实前人工拔除对于消灭外来入侵植物来讲是“屡试不爽”的方法了，虽然简单，但却有效。肿柄菊的花期是9～11月，那就请当地的人们注意了，大家齐动手，人多力量大，尽量去缩小它的“势力范围”。拔下来的植株要统一收走，不能弃之荒野，因为它有“春风吹又生”的本领，不能留给它这个机会，不然它会利用强大的克隆繁殖能力产生更多的幼苗，这样不但前功尽弃，还适得其反，当真是划不来！

如果本着“物尽其用”的原则，拔出的肿柄菊植株倒是不用担心没有“用武之地”，可以有很多种方法来实现它的价值。肿柄菊虽然是个“外来户”，但它的茎、叶子和根都可以入药，有清热解毒的功效，而用作绿肥也是它的一个主要用途。此外，它还有潜在的饲料开发价值。

肿柄菊与农作物的关系看似是矛盾的，它的化感物质能一直影响农作物的萌芽或生长，但对这些化感物质加以提炼的话，又能做杀虫剂来帮助农作物，这要看人类怎么利用它了。把肿柄菊叶浸泡于水中或粪池一定时间后可以直接用于除虫。有报道说肿柄菊叶干粉乙醇提取物对四纹豆象有明显的杀卵、抗成虫羽化和杀虫作用，是潜在的昆虫杀虫剂。肿柄菊含有的青蒿酸、青蒿素等多种物质，可作为天然的植物生长调节物质，直接用作除草剂或用作天然除草剂合成的模型物。卫生害虫果蝇大家都很熟悉，放置一段时间的水果袋子里很容易发现它的踪迹，很多杀虫剂对它无计可施，肿柄菊的提取物却对它很有效，真是“一物降一物”啊！

果蝇

列举了肿柄菊的众多用途后，不得不再次提到它是观赏植物，人们争相引种栽培是因为它不仅花朵美丽，而且容易成活，连扦插都能很快发芽。记得在网上看到一位热爱园艺的老大爷因为认识并成功栽种了肿柄菊而激动不已，并下定决心多认识和引种外来的花卉。

通过这个例子，我想提醒大家，在引种花卉时，能否先查阅一下资料，多了解它的一些知识，以免造成现在“引狼入室”的失控局面。

（毕海燕）

## 深度阅读


徐成东，杨雪，陆树刚. 2007. 中国的外来入侵植物肿柄菊. 广西植物，27(4): 564-569.

王四海，孙卫邦，成晓等. 2008. 外来植物肿柄菊(*Tithonia diversifolia*)的繁殖特性及其地理扩散. 生态学报，28(3): 1307-1313.

万方浩，谢丙炎. 2011. 入侵生物学. 1-515. 科学出版社.

徐海根，强胜. 2011. 中国外来入侵生物. 1-684. 科学出版社.

万方浩，刘全儒，谢明. 2012. 生物入侵：中国外来入侵植物图鉴. 1-303. 科学出版社.

# 刺萼龙葵

*Solanum rostratum* Dunal

刺萼龙葵目前在我国很多地方已经成为一个霸道异常的“入侵者”，因此，我们必须要做好铲除刺萼龙葵行动的宣传报道，使广大农民都能全面了解和掌握刺萼龙葵的蔓延对农业生产造成的危害，要做到人人皆知、人人行动，使大家都明确铲除的技术措施和属地管理的责任制要求。

## 讨厌的杂草

1982年，在我国辽宁省朝阳县的一些地方，悄悄地出现了一朵朵黄色的小花，绽放得艳丽夺目。在此之前，我国从来没有出现过这种花。不过，这些小花虽然看似美丽动人，实则却是一个霸道异常的“入侵者”。它的名字叫刺萼龙葵，而它的英文名字——buffalobur则明确地指出了它的原产地是在北美野牛的聚集之处。

刺萼龙葵的花朵似乎很柔弱，其实它的适生性很强，几乎能在任何质地的土壤中生长，甚至是在垃圾堆、石头缝中，尤其喜欢沙质土壤、碱性土或混合性黏土。它喜欢生长在铁路和公路两侧、沟畔、草原、田野、河岸、过度放牧的牧场、废弃的庭院、荒芜的田地、瓜地、果园，甚至在建筑垃圾堆放处、沙石坑、牲畜栏里都能生长。无论气候干燥还是潮湿都能适应，可谓无所不在。

因此，当刺萼龙葵在一个地方出现后，从无到有、从零星可见到连片开放只需很短的一段时间。自从它在我国现身之后，不仅在辽

成片生长的刺萼龙葵

北美野牛

宁省的阜新、朝阳、建平、沈阳、大连等地陆续出现，而且又在吉林白城，山西阳高，新疆乌鲁木齐、石河子和昌吉，河北张家口、万全以及北京的密云、怀柔、延庆、门头沟、通州、房山等市郊各区县蔓延。它是一种危险性极大的外来入侵植物，大面积暴发将对生态环境和农业生产造成严重危害。在它光鲜的外表背后，留下了一串横行无忌的脚印，有它盛开的地方，其他植物的生存就会变得特别艰难，尤其是农田中的各种农作物。

这不，这些在乡道两旁、田间地头盛开的朵朵黄色小花正对农田中的棉花、玉米、花生等虎视眈眈呢。

刺萼龙葵*Solanum rostratum* Dunal也叫黄花刺茄、刺茄、堪萨斯蓟、尖嘴茄、黄花子等，在分类学上隶属于茄科茄属。刺萼龙葵是由法国植物学家Michael Felix Dunal于1813年定名的，其模式标本保存在墨西哥的克雷塔罗大学。刺萼龙葵是一年生草本植物，但由于茎直立，植株上半部分有分枝，最基部稍木质化，看上去却与灌木有几分相似。它的株高大多在15～60厘米之间，但最大的株高也能达到120厘米。它的根为直根系，主根发达，侧根较少，多须根。它的叶子为单叶互生，无托叶，叶片为卵形或椭圆形，具有羽状不规则深裂。刺萼龙葵最奇特的地方，就是整个植株除了花瓣外，无论茎、叶、花萼、果实等，皆密被长短不一的黄色锥形硬刺，刺长一般在0.3～1厘

刺萼龙葵全身带刺

米之间，植株表面还长有星状毛。

刺萼龙葵虽然与我国本地的龙葵*S. nigrum* L.为同属植物，但在形态、分布、生物学特征、化学成分和利用价值等方面都存在着差异，特别是在形态上差异明显。龙葵的叶片为卵圆形披针状，而且不被硬刺，因此可根据叶片形状和是否密被硬刺等来区别两种植物。

刺萼龙葵在一年中的生命过程是这样度过的：它的种子经过一冬的休眠，当4月或5月上旬气温达到10℃时，雨后即开始萌发，5月下旬至6月中旬开花，7月初果实形成，8月中、下旬果实逐渐成熟，浆果由绿色变为黄褐色，9月末至10月初降霜后，刺萼龙葵的植株萎蔫枯死。到11月初，大部分刺萼龙葵就完全枯死了。

刺萼龙葵在它的原产地就是一种恶性杂草，被当地人称为“讨厌的杂草”，广泛分布在除佛罗里达、阿拉斯加和夏威夷以外的美国各州，尤以中部大草原最为普遍。后来，它扩散至非洲、亚洲、大洋洲和太平洋群岛的大部分地区，包括加拿大、墨西哥、俄罗斯、韩国、孟加拉国、奥地利、保加利亚、捷克、斯洛伐克、德国、丹麦、南非、澳大利亚和新西兰等国家。现在，刺萼龙葵已经悄悄地来到我国，其原因可能是20世纪80年代从美国进口掺杂刺萼龙葵种子的谷物时遗撒造成的。

## 奇妙的镜像花

刺萼龙葵之所以能够迈着轻盈的步子在世界各地“轻歌曼舞”，首先得感谢它拥有的那些艳丽的花朵。当然，还有它那奇特的果实和种子。

刺萼龙葵的花为两性，排列成疏散形的总状花序着生于分枝的顶端，花序轴从叶腋之外的茎上生出，每个花序产花10～20朵，矮小植株顶芽分化为单花，花由花序的基部渐次成熟开放。花冠为黄色，呈辐射对称，下部联合，上部有5个裂片，向外翻卷，花瓣的外面密被星状的刺毛。它的花萼为筒钟状，萼片5个，呈线状披针形，绿色，上面密被星状毛；雄蕊为异型，着生于花冠筒部，与花冠裂片互生，四小一大，4枚小雄蕊的形态、大小和颜色均一致，为鲜黄色；1枚大雄蕊比

刺萼龙葵的花具有异型雄蕊

其他4个长，而且尖端向内弯曲为钩形，开放后为暗绿色或紫色。

花初开放时，花粉从花药顶端开裂的孔中散出。它的子房为椭球形，绿色，有2室，内含多数胚珠。它的雌蕊细长，花柱为淡黄色，尖端向内弯曲，其偏转方向与大雄蕊偏转方向正好相反，若花柱相对于花轴偏向左侧，大雄蕊则偏向右侧；相反，若花柱偏向右侧，大雄蕊则偏向左侧，二者间的夹角大约为70°。据此可将这两种形态的花称之为左花柱型花或左旋花（花柱相对于花轴偏左）和右花柱型花或右旋花（花柱相对于花轴偏右），且二者交替生长于同一花序的不同节上。这种在花水平面上向左或向右偏离花中轴线的花柱称为镜像花柱。它的花虽然没有花蜜，但具有特殊的香味，每朵花开放后，大约在6天后凋谢。

刺萼龙葵异交为主、自交为辅，属于兼性异交的繁育系统，这保证了它有很强的生殖能力。刺萼龙葵的传粉形式还与它的种群大小有关，在大种群中，异株异花传粉比较频繁，尤其是当植株上开花多于6朵时，有利于异株异花传粉；而在小种群中，由于受传粉者限制而同株异花传粉较为频繁，以此产生繁殖保障效应来提高个体植株的繁殖能力。

刺萼龙葵同一花序上左、右花柱花（镜像花）的交替发生是一种花设计，它主要是通过减少雌雄功能间的干扰来促进昆虫介导的相反花型间的异花传粉。它不能进行自发的自花传粉。同株异花和异株异花传粉的水平依赖于植株上开花数目的多少和传粉者的飞行式样。

对刺萼龙葵而言，开花数量大有利于吸引更多的传粉者，这增加了传粉者对每朵花的拜访及传粉机会，从而提高了结实的机会。茄科植物为传粉者提供的报酬是多种多样的，包括花蜜、花粉和油质，因此茄科植物具有多样的传粉媒介，包括鸟、蛾类、蝴蝶、蝙蝠和蝇类。刺萼龙葵大、小二型花药执行着不同的功能：颜色亮丽的小花药主要是吸引传粉昆虫并为其提供报酬（花粉），而颜色黯淡的大花药主要是产生大量的花粉用于繁殖。

刺萼龙葵为虫媒传粉植物，能吸引很多种昆虫来访花。在美国，很多不同属的蜜蜂都会访问刺萼龙葵。它们在采集花粉时，将身体蜷曲朝向小雄蕊顶端，并用其大颚抓住小花药基部，向着小花药尖端，一边振动翅膀，一边吸取其中的花粉，然后将采集的花粉释放到腹部，在收集花粉的同时大花

刺萼龙葵的传粉者

药接触到其翅膀下身体的一侧，柱头接触到相应的另一侧。当觅食花粉者是个体较大的蜜蜂时，其身体可接触大花药，柱头接触到其腹部。与大蜜蜂相比，小蜜蜂并不接触柱头，有的偶尔会接触大花药，还有的像清扫工一样，爬过花冠和小花药，可能是收集其他昆虫活动后残留的花粉。在刺萼龙葵众多的、不同属的访花蜜蜂中，只有数量最多、出现最早、访问频率最高、访问持续时间最长的就是其主要传粉者。

在我国新疆，刺萼龙葵的主要传粉昆虫为隧蜂、四条隧蜂、食蚜蝇和扁柄木蜂，但只有四条隧蜂是刺萼龙葵稳定的传粉昆虫。刺萼龙葵较长的花期在一定程度上弥补了花数量上的不足，从而保障了它能进行有效传粉和有性生殖；镜像花中的大雄蕊与花柱互补排列，有利于异花传粉，而一定程度的自交亲和性则保障了其在传粉者缺乏情况下的繁殖成功。光顾刺萼龙葵的昆虫种类较多，提高了传粉的概率。它的花粉量也很大，花粉萌发的时间较短，从而提高了传粉和受精的概率。

## 传播利器——种子

刺萼龙葵的果为倒球状浆果，直径为0.5～1.5厘米，初为绿色，成熟后变为黄褐色或黑色，果皮薄，完全被具多尖刺和星状毛的宿存硬萼所包被，外生硬刺，每个花序可结果10～15个。刺萼龙葵每个果实中种子数为8～68个，种子数较多，提高了延续后代的概率。果实成熟后，随着果实逐渐膨

刺萼龙葵待开放的花蕾

大，宿存果萼在萼片愈合处被胀破，包被果实的硬萼自顶端开裂，种子散落。

刺萼龙葵的种子为褐色或黑色，少数浅褐色，两侧压扁，正面呈不规则肾形或三角形，背面弓形，腹面近平截或中拱，侧面呈肋状突起。种皮由2～3层细胞构成，其中外层网脊较粗，轮廓

刺萼龙葵的镜像花

清晰，网眼较深，大小不一，在种皮表面零星覆盖有透明状覆盖物。种子外侧表皮细胞为深色，呈蜂窝状，有金属光泽。种子内部胚弯曲呈“6”字形，胚乳内含大量半透明粒状结构的蛋白质。种脊表面纹饰呈蜂窝状，网脊宽而平滑，网纹褶皱较少，网脊表面粗糙，网眼近似规则的蜂窝状，网孔底部带有附属物；种子腹面纹饰呈拟网状纹饰，网脊较细，边缘整齐，网纹褶皱较少，网眼较大而浅。刺萼龙葵种子的大小较为均一。种子的形状、大小与种子传播扩散密切相关。刺萼龙葵单株最大结实量为992个，种子数约为$3.8 \times 10^4$粒；最小结实量为19个，种子数为519粒。刺萼龙葵种子的千粒重为$3.05 \pm 0.459$克。一般来说，种子千粒重越大，种子活力越高，出苗率也越高。但当种子增大到一定程度时，种子的活力又会呈现出下降的趋势，这可能是因为大粒种子表面积大，丧失水分较快，种子活力降低也较快，从而造成萌发率低。

小鸟可以散布种子

对绝大多数外来入侵植物来说，果实和种子是最常见的传播器官，而为了适应传播，这些植物的果实和种子发生了很大的变化。刺萼龙葵果实的这种结构特点不仅可以避免被牛羊等牲畜取食，而且，其果实上的刺可以扎进牛羊等牲畜的皮毛中，有利于扩散。

由于动物生活时具有很大的能动性，因此植物常以动物作媒介来完成种子的散布。植物为适应动物散布种子而进化出了一系列的适应特征，如果实与种子的颜色、大小、形状、展现方式、化学成分、成熟时间等。刺萼龙葵的果实成熟后随着植株的干枯，宿存果萼随之逐渐失水，变干变硬，果实也变硬并开裂。大部分植株上的种子在风力的作用下从宿存、干裂的果萼中扩散，少部分植株在晚秋风力的作用下，主茎于近地面处断裂，并形成风滚草样，以滚动方式将果实中的种子传播得很远，大大增加了其进入新的生境的可能性。

刺萼龙葵种子中含有化感物质，对其他植物种子的萌发和胚根

刺萼龙葵的果实

的生长起抑制作用。而且刺萼龙葵种子中所含的化感物质,既有能溶于有机溶剂的,也有能溶于水的。在自然界中,水溶性的物质可以通过雨水淋溶进入土壤,抑制其他植物种子的萌发和胚根的生长。低萌发率将减少种群中的个体数,缓慢的胚根生长会导致根的发育滞后并降低水分及营养的吸收能力,影响整个植株的生长发育并降低植物对资源的获取能力,这可以使入侵植物在种间竞争的过程中获取了有利条件,会对其成功入侵起到积极的作用。刺萼龙葵作为一种成功的入侵植物,必然有其重要的入侵机制保障它的繁殖优势。

刺萼龙葵靠种子传播和入侵,种子具有休眠期,小而轻,可随风刮到其他地区,或随水流传播到下游的河堤、沙滩或农田岸边,经过短暂的引入期、种群建立期、停滞期后,进入疯狂的扩散期。

刺萼龙葵种子具有混合休眠特性,主要由物理休眠(种皮的机械阻碍作用)和生理休眠(胚中存在抑制萌发的物质)组成。刺萼龙葵种皮致密而坚厚,透水和透气性差,特别是胚乳帽,对种子萌发形成物理阻碍,限制胚根突破胚乳帽和种皮。这说明刚成熟的刺萼龙葵种子有生理休眠。刺萼龙葵的种子发芽率低,萌发时间长,这种特

刺萼龙葵的果实

性不利于其种群在新的生境中快速大量繁殖，但是致密而坚厚的种皮可使胚得到更好的保护，能够抵抗不良环境，使之在恶劣的条件下长期保持活力，这种特性是它对环境长期适应的一种休眠机制。土壤埋藏实验表明，当刺萼龙葵种子埋藏于非耕地土壤25厘米左右时，其种子在粉沙质黏土中第5年仍保持活力，在沙壤土中第17年仍能萌发。

休眠和萌发是种子生活史中两个极为重要的阶段，关系到种群的生存和发展，同时也是植物为适应环境以保持自身繁衍而形成的一种生物特性，具有重要的生态学意义。温度、光照是影响刺萼龙葵种子萌发的最重要因素。在适宜种子萌发的25～35℃的温度条件下，光照的影响不明显，但是在此适宜温度范围之外，光照能显著抑制种子萌发，光照时间过长，种子萌发缓慢。刺萼龙葵的种子能够耐受较低的水分胁迫和较高的盐胁迫，还能耐受较宽的酸碱胁迫。刺萼龙葵能在世界范围内快速蔓延，正是因为它对不同生境和土壤条件具有广泛的适应性和较强的繁殖力。

除了自然因素以外，经济增长速度的加快，国际贸易的频繁往来等，都是加剧刺萼龙葵传播和扩散的原因。总的说来，表型可塑性、遗传分化、天敌逃逸、化感作用、种子繁殖能力强、种子借风力和牛群等为媒介传播、生态适应性广等都是恶性外来物种——刺萼龙葵成功入侵的重要机制。

## 生态杀手

由于刺萼龙葵叶子裂隙大，因而垂直采光力强，而且输导水分、养分能力强。叶片组织分析初步表明，刺萼龙葵的养分储积和对物质的再度转化能力可能较强，对光能的有效捕捉力也可能较强。

刺萼龙葵具有一定的抗旱性及抗除草剂性，适应性极强，生长快而健壮，特别是在度过4片真叶的幼苗期后便开始迅速扩展生长。它既耐干旱又可在潮湿的环境中生长，广泛分布于农田、村落附近、路旁、荒地等，较广的生态幅使之在新生态环境中可以轻易占据合适的生态位并有效地获得资源，与本地物种争夺光照、养料和生长空

刺萼龙葵

间，使之迅速扩张。

刺萼龙葵的入侵给我国生态环境带来了极大的危害。它的根须扎入相邻植物的根系中撷取营养、水分，它的枝叶扩展面积大，抢占相邻植物的阳光，有它在，别的植物很难存活，致使生态平衡遭到严重破坏，刺萼龙葵也因此被称为名副其实的“生态杀手”。

刺萼龙葵也给我国农业生产带来了极大的危害。它一旦侵入农田生态系统，就会与作物争夺光照、水分、养料和生长空间，严重抑制作物生长，对作物造成排挤性的危害，降低农作物的产量，可危害小麦、玉米、棉花和大豆等农作物。此外，它还会对园艺、草坪、森林、畜牧、水产等构成威胁，使经济作物的产量与品质下降，危害农林业经济发展，直接影响入侵地农牧民的生产和生活。

刺萼龙葵还是一些真菌类、细菌类、病毒类以及很多病原生物的寄主植物，这些病原生物导致的病虫害可随该物种的扩散而进行传播。如刺萼龙葵不仅是美国线虫类，以及对农田和放牧地都具危

害的真菌丝孢菌类病原体的野生寄主植物，还是世界危害马铃薯等作物最重要和最具毁灭性的害虫——马铃薯甲虫和马铃薯卷叶病毒的寄主，它们曾经给人类的农业生产带来了巨大灾难。刺萼龙葵的发生与扩展将给马铃薯甲虫的防治工作带来新的影响因素。一些病虫害还会随着刺萼龙葵入侵农田而传播，导致作物病虫害的发生，对农田生态系统造成毁灭性的破坏，威胁着整个生态系统的可持续发展。

由于刺萼龙葵全身密布坚硬的长刺，能够直接对人和牲畜造成伤害，一旦入侵牧场就会降低草场质量，伤害牲畜，影响放牧和人类活动，带来巨大的经济损失。刺萼龙葵的果实可扎进牲畜的皮毛，从而降低皮毛的价值，对皮毛产量也具有破坏性的影响。它的果实混入饲料中能扎伤牲畜的口腔和消化道，后果严重。人的皮肤接触它的毛刺后也会导致皮肤红肿、瘙痒。刺萼龙葵还能引起过敏性鼻炎。有研究表明，在美国西弗吉尼亚州，在刺萼龙葵的开花期，患

刺萼龙葵的果实可扎进牲畜的皮毛，降低牲畜皮毛的价值；还可被牲畜误食，造成严重的后果

过敏性鼻炎人数的比例明显增大。

刺萼龙葵也是一种有毒植物，它的叶子、心皮、浆果和根中含有茄碱（龙葵碱）等生物碱，这是一种毒性较高的神经毒素，对马、绵羊、山羊、牛等牲畜的中枢神经系统尤其是呼吸中枢有显著的麻醉作用。刺萼龙葵被牲畜大量食用，则会出现运动失调、多涎、急喘、颤抖、恶心、腹泻、呕吐、出血、肠炎、瞳孔扩大、昏迷等中毒症状，甚至死亡。

## 外来入侵物种的特点

外来入侵物种主要表现在“三强”。

一是生态适应能力强，辐射范围广，有很强的抗逆性。有的能以某种方式适应干旱、低温、污染等不利条件，一旦条件适合就开始大量滋生。

二是繁殖能力强，能够产生大量的后代或种子，或世代短，特别是能通过无性繁殖或孤雌生殖等方式，在不利条件下产生大量后代。

三是传播能力强，有适合通过媒介传播的种子或繁殖体，能够迅速大量传播。有的植物种子非常小，可以随风和流水传播到很远的地方；有的种子可以通过鸟类和其他动物远距离传播；有的物种因外观美丽或具有经济价值，而常常被人类有意地传播；有的物种则与人类的生活和工作关系紧密，很容易通过人类活动被无意传播。

## 严防死守

目前，刺萼龙葵在我国的入侵尚处于局部危害阶段，但在很多地方已经突破生长瓶颈，成为优势种。它在阳光的利用量、物质合成代谢的竞争上已经达到或接近群落生态位之最高点，种群长势已经成为或接近群落中的最强者，且在阳光利用、种群长势上优于本地龙葵。

刺萼龙葵在我国的潜在分布区极广。科学家研究发现，全国除西藏、青海、海南及两广南部之外的其他地区均可适生，尤其在华中、华北及华东地区适生的可能性极高。

防除刺萼龙葵以化学防除最为有效，百草敌、2，4-D丁酯、绿草定、草甘膦及百草枯等除草剂对刺萼龙葵均具有较好的防除效果。

但是，刺萼龙葵具有一定的抗旱性和抗除草剂性，例如它开花后对2，4－D丁酯产生抗药性，因此，选择合适的、高效低毒的化学药剂对防除刺萼龙葵尤为重要。例如，2，4－D丁酯与百草敌除草剂联合使用效果更好。为防止刺萼龙葵结实产生种子，应在开花前对其进行化学防除。

零星生长的刺萼龙葵最好在4片真叶前将其连根铲除，这是一个比较容易实现的方法。刺萼龙葵有一个显著的生长特性，即在植株生长初期，尤其在4片真叶前的幼苗期生长速度较为缓慢，之后生长速度显著加快。因此，在植株幼小时将其彻底铲除最为安全和有效，如待植株成熟，由于其全株具刺，会给铲除工作带来一定的难度。对于已经成熟的刺萼龙葵只能采用人工铲除的方法，若植株已结实，铲除时可能造成种子散落，极易造成传播扩散，从而加大了铲除的危险性。这时，必须要人工铲除，即用锹、镐等工具施行，连根铲除，集中晾晒之后在保证安全的情况下进行就地集中焚烧处理。

由于刺萼龙葵的种子有休眠机制，当年未萌发的种子可能在数年后仍能萌发，所以对于刺萼龙葵生长过的地方一定要予以标记，并连续几年进行观察监测，发现有零星生长的植株立即铲除处理，防止其再度生长蔓延。

化学防治后的刺萼龙葵

铲除人员要做好自身防护，穿上长衣长裤，不要用手直接接触刺萼龙葵植株，如不慎被尖刺扎伤，要及时涂抹消炎药水，若症状不能缓解，要及时就医。

铲除措施不能解决问题时，可同时采用植物替代法，应立足于若干尚具一定优势的本地植物，展开与刺萼龙葵之间的竞争，用以取代刺萼龙葵。有的地方紫穗槐和沙棘等植物生长速度快，易形成密丛，即可作为替代植物，种植后可对刺萼龙葵有良好的控制效果。此外，在刺萼龙葵的群落附近大多生长着类似拉拉秧、猪毛蒿、狗尾草等植物，它们也都是群落中的胜出者，因此是群落中克制刺萼龙葵恶性蔓延的依赖者。尤其是禾本科植物，如稗草和狗尾草，它们或以繁衍性或以单株扩展力占据优势，成为适应性高的物种，是抗衡刺萼龙葵入侵的主要对象。

生物界类群众多，生境多样，种间关系复杂，任何一种生物的生长和繁衍都会受到其他生物类群的制约，使其种群数量控制在一定水平上，从而维系整个生物世界的动态平衡。对于入侵植物而言，利用其与天敌间的食物关系，使其天敌(尤其是专一性天敌)建立种群，对其实施长期控制是非常有效的方法。在刺萼龙葵的传入地引入原产地的天敌因子，如寄生性、捕食性天敌或病原菌，重新建立一种生态平衡，也是一种长期控制外来入侵杂草的有效方法。在我国新疆，

紫穗槐

由于刺萼龙葵在生长发育的不同时期均有腋斑芫菁、蝴蝶等不同种类的昆虫出现，它们分别取食叶、花蕾、花瓣、雄蕊和雌蕊及果实。腋斑芫菁主要取食花冠、雄蕊和雌蕊且其取食速度很快。蝴蝶的幼虫取食雄蕊。在结实期昆虫的种类主要是蝴蝶。从其出现的时间和对刺萼龙葵的危害行为来看，它们应该是刺萼龙葵潜在的天敌。

刺萼龙葵中富含的龙葵碱具有抗肿瘤、降压、强心肝、护肾以及抗炎症作用，用一定的方法可以提取和检测。因此，在治理刺萼龙葵的同时，可以抓住时机对其内含物进行综合利用。

刺萼龙葵具有药用价值，墨西哥中、南部的印第安群落土著人曾将其用作土方良药，用于治疗小儿腹泻、肠胃不适、心血管疾病和肾病。在化学成分及功效方面：从刺萼龙葵叶、浆果、皮、根等部位可提取3种生物碱——伐茄碱、B茄碱和茄碱，这些生物碱类物质具有较高的生物活性，医学上常用作神经毒素，即对中枢神经系统尤其对呼吸中枢有显著麻醉作用。它还含有对人类癌细胞有细胞毒素作用

沙棘

的甲基薯蓣皂苷，从而确立了它在抗癌方面的价值。在刺萼龙葵中还含有对马铃薯环腐病具一定抗性的滤过性毒菌，显示了它在植物保护方面的价值。

因此，可对刺萼龙葵的有效成分及药理进行深入研究，如果能提取分离其中的活性物质运用于医学上，开发其在抗癌以及植保方面的价值，具有一定的应用意义。

最后，防控刺萼龙葵的蔓延，一定要加强宣传工作，做好铲除刺萼龙葵行动的宣传报道，使广大农户能全面了解和掌握刺萼龙葵的蔓延对农业生产的危害，要做到人人皆知、人人行动，使大家都明确铲除的技术措施和属地管理的责任制要求。

（李湘涛）

## 深度阅读


车晋滇，刘全儒等. 2006. **外来入侵杂草刺萼龙葵**. 杂草科学，2006(3): 58-60.

万方浩，彭德良. 2010. **生物入侵：预警篇**. 1-757. 科学出版社.

张国良，曹坳程，付卫东. 2010. **农业重大外来入侵生物应急防控技术指南**. 1-780. 科学出版社.

郭章碧，张国良等. 2011. **外来入侵植物刺萼龙葵的研究概况及展望**. 山东农业大学学报(自然科学版)，42(3)：460-464.

付卫东，张国良. 2012. **七种外来入侵植物的识别与防治**. 1-65. 中国农业出版社.

# 土荆芥

*Chenopodium ambrosioides* L.

土荆芥在长江流域一带不仅已经闯入农田，给当地农业造成了一定危害，而且给长江大堤的护堤草坪造成了破坏，但在其他一些地方尚未对农业生产和生态环境造成大的威胁。如能将土荆芥的防治和利用综合起来，必将能够有效地防治这一恶性杂草的蔓延，维护生态平衡，从中获得相应的经济效益和生态效益。

## 草坪的流行

“离离原上草，一岁一枯荣。野火烧不尽，春风吹又生。”这是我们从诗歌里认识的“草”，它是顽强生命力的象征；可是，我们从生活中认识的“草”却略含有一些贬义成分，比如能力差的人被称为“草包”，价值低的东西被称为“草芥”，普通老百姓被称为“草民”……这个“没有树高，没有花香”的小不点儿，让人产生了截然不同的两种情感。

在大多数的中国人眼中，几乎随处可见、平凡而渺小的草，通常都处于无人理睬的境地。否则，在20世纪80年代初，当有“世界草种之都”美誉的美国俄勒冈州的草种种植者们向来访的中国客人推销草种的时候，中国客人的回答不会是坚决的两个字：“不买！”

几种进口的冷季型草

在当时的中国人看来，美国人向中国人推销草种，就如同向爱斯基摩人推销冰箱一样荒唐可笑。这不就等于是让中国人花掉宝贵的外汇去买很多的草，然后拔起来扔掉嘛！

可是，仅仅过了几年，中国人便认识到了草坪的价值。随着改革开放时代的到来，草坪已在我国的城市中如雨后春笋般的涌现。

在现代都市中，草坪是一道独特的风景线，绿油油的草坪给人一种清新的感觉，人们在草坪附近漫步，置身于大自然中，身心十分舒适。

公路边的草坪

机场草坪

结缕草与黑麦草混播的高尔夫练习场

草坪是用多年生矮小草本植株密植，并经修剪的人工草地，最早的现代草坪出现于18世纪的英国。现在国际上已将草坪覆盖面积作为衡量现代化城市环境质量与文明程度的重要标志之一。

从广义上讲，草坪是人们采用人工铺植或草籽播种的方法，培养形成的整片绿色地面，代表着一个高水平的生态有机体。草坪一般设置在公园、广场、空地和建筑物周围，供观赏、游憩或作运动场地之用。但现代的草坪已不局限于这些，它已广泛用于铁路、公路、飞机场和堤岸等场所，在交通安全、水土保持和护坡护岸等方面大显身手。

起初，我国主要城市特别是一些北方城市，草坪绝大多数用的是进口的冷季型草。冷季型草的最大优点是绿色期长，但它的缺陷也很明显。它需要精细管理，对于我国部分地区夏季炎热、春季干旱的气候不太适应，因而在抗热、抗病、抗旱等方面表现不良，越夏困难。如果管理达不到要求，几年就开始退化。冷季型草生长快，修剪次数多，养护起来费工费水，需要有较高的管理水平。我国是个贫水的国家，城市生活用水愈来愈紧张。大量种植的冷季型草坪，使城市中“人草争水”的矛盾日渐加剧。

## 名扬中外的结缕草

世界上草坪业发达的国家，如美国、加拿大、澳大利亚、新西兰、荷兰、丹麦、瑞典和法国等都是重要的种子生产输出国，都建立了强大的草坪草种子产业。我国虽然不能与之相比，但也能生产几种性能优良的暖季型草坪草，其中最重要的就是结缕草。

长江堤岸

北京工人体育场

有趣的是，有学者考证，我国虽然没有使用草坪的传统文化，在历史上却很早就有用草装饰园林的记录，这就是公元前200年前后秦汉时期的皇家苑囿——上林苑，并且使用的就是结缕草。汉代司马相如的《上林赋》中就有“布结缕，攒戾莎”的记述。此外，据说日本使用的结缕草也是古时候（唐、宋时期）从中国引进的。

结缕草，又名锥子草、延地青等，是隶属于禾本科结缕草属的多年生草本植物。它具有横走根茎，须根细弱。秆直立，高15～20厘米，基部常有宿存枯萎的叶鞘。我国所产的结缕草有5个种以及一些变种和变型，主要产于我国东北地区以及河北、安徽、江苏、浙江、福建、山东、台湾等地，生长于海拔200～500米之间的山坡、平原和海滨草地等地带。

结缕草有很强的生命力和抗逆境能力，耐干旱、耐贫瘠、耐盐碱，抗病虫害，尤其耐践踏。结缕草的耗水量少，分蘖能力强，具有发达的匍匐茎和地下茎，固土护坡效果好。结缕草寿命较长，即使茎叶枯黄时仍能直立。结缕草建植和管理费用低，不需要经常打药、施肥、修剪，所以对环境也没有二次污染。

在适宜的土壤和气候条件下，结缕草能形成致密、整齐的优质草坪，可以广泛用于温暖潮湿和过渡地带的庭园草坪、操场、运动场和高尔夫球场以及飞机场等使用面积大的地方。

目前，在世界范围内，由于环境胁迫和病害造成冷季型草坪质量下降，引起了结缕草等暖季型草坪草应用的增加，而且可以降低草坪养护费用。据报道，位于华盛顿的美国国家广场，原用冷季型草建造的草坪因经受不了每年1000多万游客的压力，而不得不改为以结缕草为主的耐践踏草坪。

结缕草不仅是优良的草坪植物，还是良好的固土护坡植物。它可以在

司马相如

结缕草

条件恶劣的环境中生长，可以大量用于公路、铁路边或者是江河、水库边的护坡、护堤，能够起到地表植被覆盖、稳定岸边坡度、保持水土等作用，还能和其他草类的草坪一起共同发挥调节气候与净化空气的作用。

结缕草的优良特性正好能弥补冷季型草的不足，有望成为21世纪我国草坪业的支柱草种。目前，我国很多河流、水库都是采用结缕草来做护堤草，特别是受洪水威胁巨大的长江大堤等地方。

由于历史上不断出现的洪水威胁，长江大堤对于我们的重要性自不待言。人们选用结缕草来做护堤美化的草坪，也是颇费心思的。

不料，近年来，种植在长江大堤的结缕草中出现了一批破坏分子，它们的入侵给长江大堤的安全带来了极大的威胁。这是由多种杂草混合形成的群落，而其中为首的叫作土荆芥。

## 携带“化武”的入侵者

与人们想象中的“破坏分子”不同的是，土荆芥*Chenopodium ambrosioides* L.有较好的“社会地位”和“声望”，它在我国一直被看作是一种中草药。它的别名也大多是药用名，如广西叫它钩虫草、火油根、香藜草、臭蒿，广东叫它杀虫芥、藜荆芥、臭藜藿，湖南叫它虎骨香、虱子草，福建叫它红泽兰、天仙草、臭草、狗咬癀、鹅脚草等。

土荆芥以全草入药，所含的挥发油有一定的毒性，其含量以果实最多，叶次之，茎最弱。土荆芥有祛风除湿的作用，可杀虫、止痒，以及用于治疗蛔虫病、钩虫病、蛲虫病，外用治皮肤湿疹、瘙痒和杀蛆虫等。

作为一种植物，土荆芥大多生于村旁、旷野、田边、路旁和沟岸等处。它为一年生或多年生草本，高50～80厘米，春季出苗。茎直立，多分枝，具条纹，近无毛。叶互生，披针形或狭披针形，下部叶较大，顶端渐尖，基部渐狭成短柄，边缘有不整齐的钝齿；上部叶渐小而近全缘，上面光滑无毛，下面有黄色腺点，沿脉疏生柔毛。

它在夏秋之间开绿色小花，两性或部分雌性，组成腋生、分枝或不分枝的穗状花序；每个穗状花序常由3～5朵花团集合而成，每朵花有5个花被，5个雄蕊，花丝分离，花药向内；子房球形，两端稍压扁，花柱不明显，柱头3或4裂，线形，伸出于花被外。胞果扁球形，完全包藏于花被内；种子肾形，黑色或暗红色，有光泽。

种植在长江大堤的结缕草中出现了土荆芥等杂草，不仅影响了草坪的美观，也给长江大堤的安全带来了极大的威胁

土荆芥的种子虽然细小，产量却特别大，而且具有较好的初始萌发能力，无须经过休眠，也不需要特殊的土壤就能萌发，特别是在15～20℃时能很好地萌发，在14天内即可完成整个萌发过程。

土荆芥并非我国的土著植物，它的“老家”在遥远的热带美洲地区，不过，现在它已经习惯了世界的热带及温带地区的生活。在我国，它于19世纪60年代首次出现在台湾省台北市的淡水一带，现在已经广布于北京、山东、陕西、上海、浙江、江西、福建、广东、海南、香港、广西、湖南、湖北、重庆、贵州、云南等地，特别是在长江以南各地的野外出现较多，而北方各地常有栽培。

外来植物如果在引进后逸生为杂草，其潜在的危险非常大。因为暂时的可利用性和经济收益常常驱使人们迅速传播这些外来植物，从而造成大范围的严重危害，对生态系统中的生物多样性产生不利影响。作为入侵植物，土荆芥具有一系列的生长优势，例如具有极强的生命力，能在贫瘠的地方生长，繁殖能力强，有较好的萌发率及适于传播的特性等。在逆境条件下，土荆芥会改变自身的形态和生理特征来响应环境的变化，保护个体免受不利环境的影

旷野中的土荆芥

响，这些均有助于其入侵和定居的过程。在许多地方，土荆芥已滋生蔓延成为旱田、果园、茶园里重要的有害杂草，呈现出非常迅猛的扩张态势，给入侵地的农业、园林等带来严重的影响。2003年，土荆芥被

土荆芥的花和果实

土荆芥幼苗

路边的土荆芥

列为我国首批外来入侵物种之一。

土荆芥在自然界中生长繁殖迅速，不但与其生物学特性有关，而且与其向周围环境中释放化感物质有着密切的关系。我国科学家所做的很多实验都表明，土荆芥的水浸提溶液对其他植物的种子萌发和幼苗生长产生了强烈的抑制作用，说明土荆芥存在显著的化感作用，而且浓度越高，土荆芥的化感作用越强。土荆芥化感物质在它的不同器官中分布的种类和含量有所不同，作用强度顺序为花>叶>根>茎。土荆芥通过化感作用使周围其他植物的种子萌发率降低，发芽速度变慢，严重影响了其他植物对地上和地下资源的竞争能力。它的化感物质对其他植物根长的抑制，将导致植株根系变小，吸水、吸肥能力降低；对茎长的抑制，将导致植株矮小、瘦弱，使其争取阳光的能力受到限制；对酶活性及生物量的抑制，将造成自由基对生物大分子的降解及对生物膜的破坏，影响植物的正常生长代谢，最终将影响未来植株在群落中的地位和作用。

对于小麦、水稻、小白菜、辣椒、豇豆等多种农作物来说，土荆芥通过化感作用在不同程度上抑制它们种子的萌发，从而改变了它们的种植密度，浪费了土地利用率；对根长和茎高的抑制将导致植株的产量降低，最终导致农作物减产。虽然土荆芥在我国暂未见大面积危害现象发生，但仍应加强环境条件的改善及土荆芥的防除力度，控制其危害和扩散蔓延。土荆芥干样浸提液化感作用强于鲜样浸提液，说明已死亡干枯的土荆芥仍具有很强的化感作用。因此，对于农田中的土荆芥应彻底铲除，防止其枯落物再次对农作物产生化感作用，以保护农作物的生长。

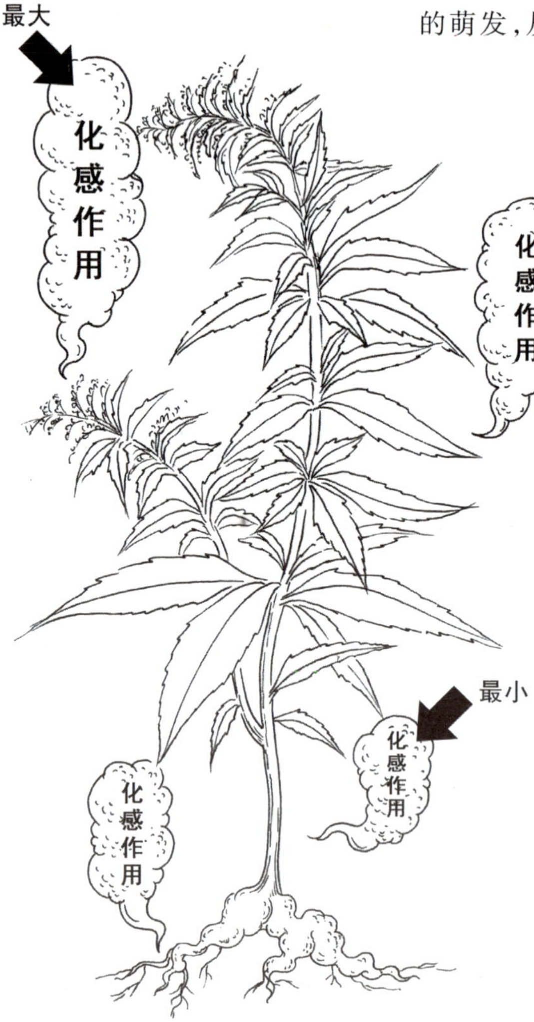

土荆芥的化感物质在不同器官中的含量有所不同，作用强度顺序为花>叶>根>茎

## 草坪中的“害群之马”

外来入侵杂草不仅能危害农作物，也会危害草坪。

外来植物如果脱离了人为控制逸为野生，就会侵入草坪，在适宜的生境条件下大肆扩散蔓延，通过自身形态、生理方面的优势，以及使用“化学武器”等竞争方式，逐渐形成大面积单优种群，侵占草坪的地上和地下空间，与草坪争光、争水、争肥，影响草坪的正常生长发育，导致其慢慢退化，甚至大面积死亡。由于外来杂草和本地杂草中一、二年生植物占多数，生活史短，使它们种群之间的竞争很快就能分出胜负。

草坪植物生长的一致性，是草坪质量评价的重要标准之一。由于土荆芥等杂草在株高、叶形和叶色上与草坪草有较大差异，使草坪草看起来比较杂乱、出现斑秃、凸凹不平，降低了草坪植物生长的一致性，对草坪质量产生不良作用，严重影响了草坪的自然性、美观性等观赏功能，严重时造成草坪草枯死和草坪杂草化。对于护堤草坪来说，如果杂草成为草坪中的优势种，草坪的作用则会减弱或完全丧失。许多地方由于杂草危害给草坪建植带来严重损失，甚至使草坪毁灭而不得不重新更换。

相对于本地杂草来说，外来杂草往往繁殖能力更强、扩散速度更快，而且缺少天敌，不仅对草坪具有很大的危害，同时也是一类极难

受土荆芥化感物质抑制的作物

修剪草坪

防除的杂草。目前草坪杂草防除主要以人工拔除为主，每年需要投入大量人力和财力，而且防除效果低。因此，外来杂草的入侵已经成为草坪建植管理工作过程中面临的又一难题。

外来入侵杂草对草坪的破坏与人类对草坪的破坏区别在于：当人类停止对某一草坪的破坏后，该草坪可以自行逐渐恢复，或在人工帮助下进行恢复；而外来杂草一旦形成大规模的入侵，对草坪生态系统所造成的破坏往往是不可恢复的。

为了对抗土荆芥等杂草的入侵，人们想尽了办法。目前，用结缕草与冷季型草混播或盖播的方法取得了一定的实效。这样，它们就可以互相取长补短，使草坪观赏性更好。目前，这种混播、盖播技术已被推广应用。

不过，更重要的是，人们应该加强对外来杂草的了解，提高对草坪保护重要性的认识。草坪保护不仅限于禁止人为破坏，还包括防止外来杂草入侵，尤其要注意避免在日常生活中无意夹带外来杂草种子。

对于草坪建设者来说，在草坪建植前，应进行精耕细作，剔除某些杂草的残留的根茎，或者对原有杂草进行火烧处理，彻底避免其进行有性或无性繁殖。

土荆芥目前在我国的分布已经很广泛，但各地的情况又有所不同。有些地方，如长江流域一带，土荆芥不仅已经闯入农田，给当地农业造成了一定危害，而且给长江大堤的护堤草坪造成了破坏。不过，在其他地方，土荆芥尚未对农业生产和生态环境造成大的威胁。如能将土荆芥的防治和利用综合起来，必将能够有效地防治这一恶性杂草蔓延，维护生态平衡，并从中获得相应的经济效益和生态效益。

（倪永明）

## 外来物种入侵的途径

外来物种入侵的主要途径：有意识引入、无意识引入和自然入侵。有意识引入主要是出于农林牧渔生产、美化环境、生态环境改造与恢复、观赏、作为宠物、药用等方面的需要，但这些物种最后就可能“演变”为入侵物种。无意识引入主要是随贸易、运输、旅游、军队转移、海洋垃圾等人类活动而无意中传入新环境。自然入侵主要是靠物种自身的扩散传播力或借助于自然力而传入。

## 深度阅读


徐正浩，陈为民. 2008. 杭州地区外来入侵生物的鉴别特征及防治. 1-189. 浙江大学出版社.

刘长坤，邓洪平等. 2010. 入侵植物土荆芥不同器官化感作用的差异研究. 北方园艺，2010(6): 41-44.

徐海根，强胜. 2011. 中国外来入侵生物. 1-684. 科学出版社.

许桂芳，周修任等. 2011. 外来植物土荆芥的化感作用潜力. 江苏农业学报，27(1): 223-225.

万方浩，刘全儒，谢明. 2012. 生物入侵：中国外来入侵植物图鉴. 1-303. 科学出版社.

环境保护部自然生态保护司. 2012. 中国自然环境入侵生物. 1-174. 中国环境科学出版社.

# 苹果蠹蛾

*Cydia pomonella* (L.)

对苹果蠹蛾的防控不仅关系到每一位果农的利益，而且也关系到国家的利益。大量释放人工繁殖天敌是实现大幅度降低化学农药使用次数和用量以及生产无公害的绿色农产品的主要途径。巧妙地运用昆虫性信息素、不育昆虫释放技术以及建设苹果蠹蛾非疫区等，也是阻击苹果蠹蛾的有效手段。

## “黑斑”蛀虫的危害

苹果是人们最常见的水果，位居世界四大水果（苹果、葡萄、柑橘和香蕉）之冠。

我国的苹果栽培不仅有着悠久的历史，而且现在仍然是世界第一苹果生产大国。苹果树是我国数量最多的果树，苹果也是我国加入世贸组织后具有国际竞争力的优势农产品，占全国水果产量的1/4以上。因此，苹果在我国的水果市场上占据着举足轻重的地位。

现在，人们一年四季都能看到苹果的身影。它有着艳丽的外表、饱满的身材，又甜又脆的滋味……尤其是它的营养十分丰富，人们常说：“每天吃一个苹果，疾病就会远离你。”

不过，我国新疆等苹果主要产区的一些果园中，树上的苹果有很多都表现得非常“痛苦”，因为有一种小虫子钻入了它们的体内，不断地啃咬它们的果肉和种子，不仅使苹果的表面布满了累累虫孔，还在这些蛀孔外堆积了它们排出的令人恶心的粪便。有的苹果还没成熟，就因为它们的祸害而掉落在地上。它们对于苹果树的危害，简直可以用毁灭性来形容。被它们蛀食过的果实，都失去了食用和加工的价值。

这种十分可恶的虫子叫作苹果蠹蛾，是世界上危害最严重的蛀果害虫之一。除苹果之外，苹果蠹蛾的“日常食谱”中还包括桃、李、巴旦杏等核果类水果。由于这些植物都是我国较大面积种植的经济果树，因此栽种这些果树的果园都是它梦想中的“食物天堂”。然而，它的“天堂”就是水果的“地狱”。因为苹果蠹蛾对于果实的严重危害，每年在它的发生区都有大量的果树被砍伐，严重的甚至能造成果农当年血本无归。苹果蠹蛾的猖狂肆虐也成为严重影响我国水果出口的一个重要因素。

李子

桃子

因此，我国和世界上许多国家都将苹果蠹蛾列为重要的植物检疫性害虫。

苹果蠹蛾*Cydia pomonella*（L.）也叫苹果小卷蛾，在分类学上隶属于鳞翅目小卷叶蛾科，主要危害苹果等蔷薇科和沙枣科植物，并且具有极强的繁殖力和环境适应性。

苹果蠹蛾成虫体形小，整个身体灰褐色带紫色光泽，复眼颜色深褐色，静止的时候，它的前翅会将后翅遮盖，覆盖在身体的背部。翅面上的斑纹颜色具有很好的保护功能，使得它在树干上停落时并不太容易被发现。它最显著的形态特征是位于前翅臀角处的一大块深褐色并带有青铜光泽的翅斑。果园的技术人员都熟知这块大名鼎鼎的“黑斑”，因为只要在果园里看到有这块“黑斑”的蛾类成虫，就说明一定是出现苹果蠹蛾灾情了。

苹果蠹蛾的卵略呈椭圆形，扁平，中央部分略微有些隆起。刚产下的卵呈半透明状，就像极薄的蜡滴。几天后，卵的中央会显示出一圈断断续续的红色的圈，这个阶段称为红圈期。等到快要孵化的时候，这个红圈会逐渐消失。

刚孵化出来的幼虫身体呈淡黄白色，以后逐渐呈淡红色，前胸盾片浅黄色，臀板较前胸盾片更浅，腹足4对，末节臀足1对，腹足趾钩为单序缺环，有趾钩19～23根。

蛹的身体呈淡黄褐色，复眼黑色。第2～7腹节背面各节的前后，均有一排整齐的刺。前排粗大，后排细小。第8～10腹节背面仅有一排刺，第10节的刺为7～8根。雌蛹生殖腔在腹面第8节，而雄蛹在第9节。

苹果蠹蛾在不同地区发生的世代数差异较大，这主要是由当地气温决定的。幼虫有明显的滞育现象，世代重叠严重。幼虫孵化后先在水果表面上四处爬行，寻找合适的地方蛀入果内，主要是在表面的损伤处、花萼或梗洼等处蛀入。初孵幼虫蛀入果肉时不会吞食咬下的果皮碎屑，而是将其排出蛀孔外；幼虫蛀果后先在果皮下取食

苹果蠹蛾成虫

并做小室，开始第1次蜕皮，后逐步深入果心蛀食，形成弯曲的孔道；蛀到果心附近时进行第2次蜕皮，3龄后蛀入果心取食种子，在蛀孔内外留有明显的排泄物，此后幼虫向外转移，做较直的蛀道并逐渐离开，转而为害附近的其他果实。幼虫离开后在果实表面留有小孔，为害严重时，果实被纵横穿食成“豆沙状”，果实很容易脱落。在苹果和沙果内蛀食时排出的褐色粪便和碎屑缠以虫丝，串挂在果实上。

苹果蠹蛾的发育和温度有着直接的关系，一般来说，当春季日平均气温高达10℃左右（发育起始温度）时，越冬幼虫开始化蛹，当高于发育温度上限的时候，随着温度的升高，发育速度就会逐渐降低。当达到38℃时，存活率极低。老熟幼虫从虫道爬出，沿着树干向下爬行，寻找合适的结茧化蛹场所化蛹越冬，越冬场所包括开裂的树皮下、断树的裂缝中、树干的分枝处、树洞、僵果以及树干支柱、果窖、包装物等。其中85%的老熟幼虫集中在离地面30厘米高的主干老翘皮下，其余多在30厘米以上至第1主枝基部之间，枝条上极少。

第二年春天，成虫羽化后便飞到果园中，进行求偶、交配、产卵，繁育它的下一代。雌成虫羽化后2～3天性成熟，开始引诱雄虫前来多次交配、产卵。成虫于日落后活动最盛，绝大多数在黄昏以前交

苹果蠹蛾把苹果当成家，从里到外啃食果肉

配，至午夜停止活动。卵多产于叶片上，两面均有，部分产在果实和枝条上，一般上层的叶片和果实卵量最多，中层次之，下层最少。卵在果实的胴部最多，也有产在萼洼及果柄上的。此外，在果树的向阳面以及生长稀疏的果实上着卵也比较多。

幼虫从卵中孵出后，会本能地爬向枝头末端正在开始逐渐膨大的幼年果实。别小看刚孵出来的这些小东西，它们嘴上的力气着实不小，能啃破果皮，钻进果肉，直达果心，并在果实外部留下大量棕褐色的虫粪。在这个过程中，它就完成了躯体的成长与成熟。在果心，它将会停留一段时间，之后钻出果实，在树干的缝隙间寻觅某个地方结茧、化蛹、羽化，开始下一个世代的延续。在繁殖了几代之后，天气开始寒冷起来，它就会以肥胖的老熟幼虫的形式钻入树皮缝隙中，给自己做一个窝，并睡在里面，等到来年春天，继续为害。

## "瘟疫"一样的传播

苹果蠹蛾起源于欧洲东南部一带，其原始寄主为野生的苹果树，以后开始为害苹果栽培品种，并随着苹果栽培品种的广泛种植而不断扩大其适生范围。现在，它已经像瘟疫一样，从原产地传播到了世界上70多个国家和地区的大多数苹果产区。

我国从20世纪50年代初首次在新疆发现苹果蠹蛾开始，它的发生区域一直保持着向东扩展的趋势，对我国苹果安全生产构成了严重的威胁。在80年代初期，苹果蠹蛾在新疆连年大流行，每年都造成了严重的经济损失。此后，随着地域之间果品的调运，苹果蠹蛾在新疆被控制了30年之后，终于在1987年随着旅客携带的水果传入了甘肃，并首先在敦煌立足，而后又迅速向外扩展到酒泉、张掖、嘉峪关和兰州等地。到目前为止，我国已经在新疆、甘肃、宁夏、内蒙古、黑龙江、吉林等6个省、自治区发现了苹果蠹蛾疫情。

我国科学家对苹果蠹蛾在我国的适生性进行了分析，结果表明其适生区域较为广泛，中高度适生区主要包括黑龙江、内蒙古、山西、宁夏、甘肃，吉林、北京、陕西、新疆、西藏的大部分地区，以及辽宁西部、河北西部和北部、青海北部、云南北部、四川西部、贵州西部及山东沿海地区。

苹果蠹蛾在我国突破新疆后首先入侵到敦煌

我国苹果有四大产区，即黄土高原产区、渤海湾产区、黄河故道产区和西南冷凉高地产区。苹果蠹蛾在我国西部已连续突破多道天然屏障，其东端已经逼近黄土高原苹果优势产区；在我国东部，苹果蠹蛾已经到达黑龙江哈尔滨市附近的东宁一带；在我国北部，它已出现在内蒙古自治区的阿拉善盟左旗。因此，苹果蠹蛾已在东、西、北三个方向夹击我国苹果优势产区，发生态势非常严峻。

## 追杀"蛀虫"

对苹果蠹蛾的防控不仅关系到每一位果农的利益，而且也关系到国家的利益。对付害虫，喷洒化学农药一直以来都是一项快速见效的方法，但是，化学农药常常会带来破坏生态平衡、害虫的抗药性增强、污染生态环境等副作用。对于苹果蠹蛾来说，还有比较特殊的一点：它的幼虫一旦蛀入果实，化学防治措施便不能发挥很好的作用，因而这种方法难以有效地控制它的虫口数量。

大量释放人工繁殖天敌是实现大幅度降低化学农药使用次数和用量以及生产无公害、绿色农产品的主要途径。到目前为止，国内外已发现的苹果蠹蛾幼虫和蛹的寄生蜂共有40多种，其中在我国应用的寄生性天敌就有广赤眼蜂、周氏啮小蜂、光点瘤姬蜂、蠹蛾玛姬蜂、红足微茧蜂、四齿革腹茧蜂、凹腹双短刺金小蜂和全北群瘤姬蜂等。

赤眼蜂广泛分布于世界上许多国家，是许多农林害虫的重要天

苹果蠹蛾成虫的复眼为深褐色

敌,也是害虫生物防治中研究最多、应用最广的一类卵寄生蜂。用赤眼蜂来控制苹果蠹蛾等鳞翅目蛀果害虫非常合适,因为这些害虫的幼虫在为害时,常常寄居果内,有着一个极为特殊的生存环境,其他天敌常常对此无能为力。实验证明,我国应用的一种赤眼蜂——广赤眼蜂对苹果蠹蛾卵的寄生率很高,对防治苹果蠹蛾和其他果园害虫取得了很好的效果。

赤眼蜂

周氏啮小蜂为蛹寄生蜂,也是一种优势寄生蜂,寄生率高、繁殖力强,能够寄生于鳞翅目害虫蛹内,并在蛹内发育成长,吸尽寄生蛹中全部营养,使害虫蛹不能羽化。在鳞翅目害虫化蛹期,将周氏啮小蜂寄生的柞蚕蛹按一定数量悬挂于林间,周氏啮小蜂羽化后,即能寄生在害虫蛹中,达到防治害虫的目的。此前,在利用周氏啮小蜂防治美国白蛾方面已经取得了较大的成果,后来科研人员又利用周氏啮小蜂来控制苹果蠹蛾,有效地控制了苹果蠹蛾下一代的虫口密度。

## 破坏“蛀虫”的“婚姻”

巧妙地运用昆虫性信息素作为性引诱剂,不仅可以诱杀苹果蠹蛾雄成虫,降低虫口数量,而且还可以监测苹果蠹蛾的发生动态、发生时间、发生量等,从而对它的动态进行预测预报并确定化学防治时期。性引诱剂还具有高效、专一性强、无公害和保护天敌等优点,因此性引诱剂的使用逐渐取代了早期的诱饵诱捕器以及灯光诱捕器,已成为害虫检疫、预测预报和防治(诱杀雄成虫、交配干扰等)的一种广泛应用的重要技术手段。

释放周氏啮小蜂

周氏啮小蜂

常用的苹果蠹蛾性诱捕器包括三角形胶粘诱捕器、水盆式诱捕器、罩笼式诱捕器、瓶式（杯式）诱捕器以及其他的多种自制的诱捕器，其中都含有通过人工合成昆虫性信息素制作的诱芯，模拟雌虫释放的气味引诱雄虫前来，并准备好相应的诱捕器将其捕捉。通过对不同诱捕器诱捕效果的比较，科研人员发现它们之间存在差异，三角形胶粘诱捕器要好于水盆式诱捕器，成虫出现高峰期间胶粘诱捕器捕获雄虫的数量为水盆式诱捕器的4.2倍，瓶式诱捕器也明显地优于水盆式诱捕器。因此，专家推荐使用瓶式诱捕器或三角形胶粘诱捕器进行监测和诱杀。

此外，人们还可以通过特制的性诱芯，在空气中释放人工合成的信息素来阻止昆虫嗅觉联络和求偶行为，以便抑制或延迟苹果蠹蛾的交配，使其种群繁殖活动受到一定程度的干扰，从而减轻其后代的危害，由此达到防治害虫的目的。这个方法被称为交配干扰法，也叫迷向法。这种方法已被广泛应用于防治农、林害虫，特别是果树害虫。

目前，我国果园中主要使用双管手挂式迷向信息素进行苹果蠹蛾的防治。在低虫口密度下，每公顷悬挂1000根左右的性信息素迷向丝，就能取得较好的防治效果，使用迷向性信息素缓释剂处理1年一般就可以达到铲除苹果蠹蛾的效果。在越冬代成虫羽化时开始防治，手挂式迷向信息素一般持效时间为150～180天，基本涵盖整个发生期，其间不用更换。迷向信息素需要悬挂于果树树冠上部1/3处稍粗且通风较好的枝条上，距地面高度不低于1.70米。此外，还需配套悬挂诱捕器以检查迷向效果，配套数量一般为每0.33公顷挂1个。

瓶式诱捕器

三角形胶粘诱捕器

不过，上述的方法也有一些缺陷。首先，性信息素的释放随着温度的增加，释放速率也增加，但是苹果蠹蛾主要是在夜间活动，而此时气温较低，性信息素释放速率就会降低，因而会影响防治的效果。其次，性信息素主要影响的是苹果蠹蛾雄虫的行为，而雌虫的行为受到的影响较少。

苹果蠹蛾种群密度的高低也是迷向法防治效应的最重要的限制因素。当每公顷越冬代幼虫种群密度超过1000头时，应用单一的迷向法就很难控制了，这时必须与其他的防治措施，如杀虫剂和苹果蠹蛾颗粒体病毒等，在发生前期相结合，才能起到较好的防治效果。

## 不让“蛀虫”生育

不育昆虫释放技术（SIT）是一种环境友好型，可作为大面积害虫综合治理的防治技术。它是指在大范围内应用，以压倒性比例释放不育昆虫来减少田间或果园同种害虫繁殖量的害虫治理方法。这种技术主要包括三个内容：首先要大规模饲养害虫种群；然后使用特定的技术使害虫不育，或半不育；最后将不育害虫释放到田间或果园与目标害虫进行交配，以阻止其有效的繁殖，从而导致害虫种群下降，达到防治害虫的目的。

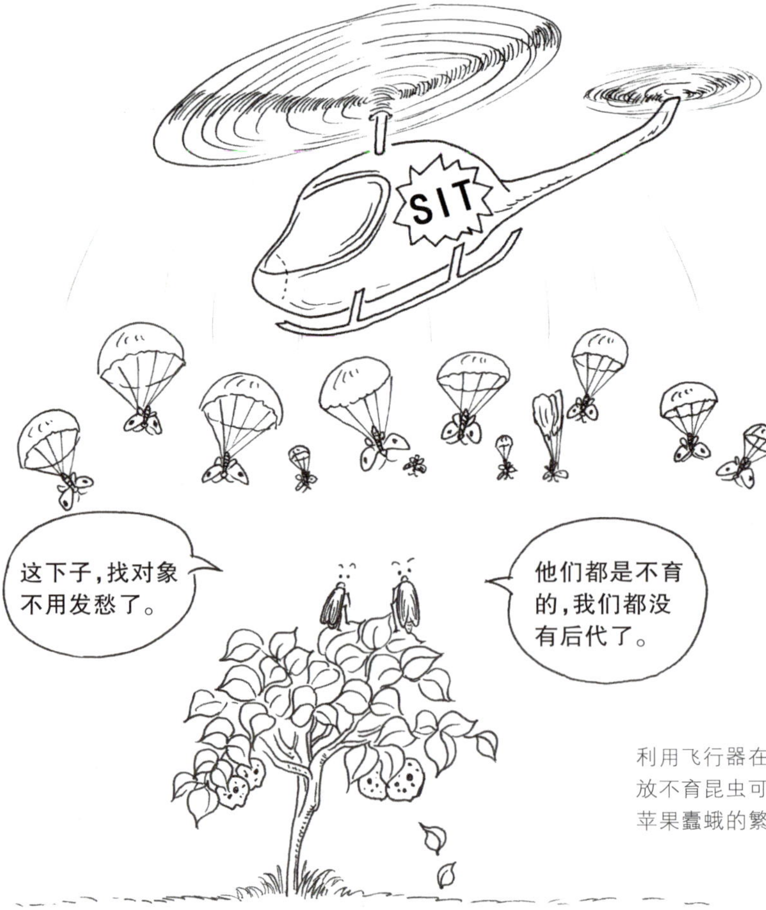


利用飞行器在空中释放不育昆虫可以控制苹果蠹蛾的繁育

苹果蠹蛾的滞育幼虫和非滞育幼虫是常用的用于建立实验室种群的材料。在苹果收获前1～2个月，在苹果树干中央捆绑瓦楞纸诱集带，吸引滞育幼虫结茧，就能获取大量的苹果蠹蛾滞育幼虫；而非滞育幼虫的收集一般在春季进行，从未成熟果树上收集受害果，将其放在实验室等待幼虫脱果，再将脱果的幼虫收集起来，并使其结茧化蛹，待羽化为成虫后便可建立实验室种群。

一直以来，进行辐射诱导产生显性致死突变是得到不育昆虫的常规方法。但是由于鳞翅目昆虫的染色体组成结构和双翅目等其他昆虫并不一样，能够达到不育的所需辐射量比其他种类，如双翅目的昆虫更高，因此诱发突变的辐射处理通常会降低成虫的寿命、交配竞争能力和飞翔能力等，而且辐射诱变也会损害到精子的传导过程。对于苹果蠹蛾而言，高剂量辐射能够造成其个体伤害以及野外适应性的降低。而且，辐射诱导突变所需设备及保存辐射源所需设施的建设成本较高。因此，这种方法还处在实验阶段，同时也

知识点

## 昆虫信息素和昆虫性信息素

昆虫信息素是昆虫各种腺体向外分泌的具有不同作用的种内激素，是用于进行同种个体与他种个体之间的信息交流的化学物质。昆虫用信息素来传递聚集、觅食、交配、警戒等各种信息。昆虫信息素分为性信息素、集合信息素、追踪信息素、告警信息素、疏散信息素等。

昆虫性信息素是昆虫信息素的一种，又称性外激素，是由同种昆虫的某一性别个体的特殊分泌器官分泌于体外，能被同种异性个体的感受器所接收，并引起异性个体产生一定的行为反应或生理效应（如觅偶、定向求偶、交配等）的微量化学物质。多数昆虫种类由雌虫释放性信息素来唤起雄虫的求偶反应，引诱远处雄虫过来进行交配。

目前，全世界已鉴定和合成的昆虫性信息素或类似物约2000余种。昆虫性信息素具有生物活性强和专一性高的显著特点，可灵敏地检测害虫的发生，较准确地反映害虫消长规律。目前，昆虫性信息素广泛应用于害虫的预测预报和防治，也应用于害虫检疫、疫区扩散范围的监测等。

飞行器

存在着较大的失败风险。

另外，通过转基因技术也可以得到不育昆虫。而且，通过转基因方法得到的苹果蠹蛾成虫，由于没有经过辐射处理，所以野外适应性较强，交配竞争能力也未受到影响，因此这种方法是一种更为安全、更为经济有效的处理手段。

不育昆虫的释放技术包括静态释放、移动释放和空中释放三种。典型的静态释放装置是一个放置不育蛹或成虫的容器。将蛹放在里面以后，其可以根据当地的光照和温度周期与野生种群同步羽化，并且成虫可随白天温度的升高而扩散出去。静态释放只适合在面积较小且易于进出的区域使用。

不育昆虫成品可通过慢速移动的汽车来进行扩散。不育昆虫通过人工或者机器直接释放到环境中去，或者将其放在开口的袋子中让其自然飞出。为了让最多的昆虫从释放汽车或者袋子中扩散出来，在释放过程中昆虫应该始终在与环境一致的温度下保存。与静态释放相比，移动释放能够在更大的区域内进行。

空中释放就是从飞行器上直接释放制冷的成虫或者装有不育昆虫的袋子。直接释放不育成虫需要将其从羽化容器或者房间中取出，冷却后再放到大的冷盒中，然后装到一个有特殊装置的飞行器中，通过飞行器中马达驱动的传送带将这些昆虫送入释放管中，然后放出。释放速度由传送带或飞行器的速度来控制。

目前，世界各国的科学家都在使用不育昆虫释放技术进行苹果蠹蛾的防控，并进行深入的理论研究和野外实施效果的检验工作。在不远的将来，我们也许就将看到使用这一先进技术取得的可喜成果。

另外，非疫区建设是近几年在国际上被广泛采用的一种技术方法：通过在一定区域内采取相应的植物检疫措施，证明该区域内不存在某种特定的有害生物，并且使这种状态得到官方的维持。非疫区建设对保护本国农产品生产不受有害生物侵害，打破植物检疫壁垒，便利国际农产品贸易等方面都有着重要作用，也是今后国际植物检疫措施发展的一个大趋势。

因此，建设苹果蠹蛾非疫区，是阻击苹果蠹蛾对我国优质苹果主产区的入侵，保障我国苹果出口贸易不断发展的必由之路。2004年，我国农业部首先在黄土高原、渤海湾两个苹果优势产区建设苹果非疫区，并且在全国范围内建立了完善的苹果蠹蛾监测网络。2008年，农业部又正式启动了重大疫情阻截带建设，制定了《重大植物疫情阻截带建设方案》，提出在东北地区沿边境一带、东南地区沿海一带和西北地区沿边境一带，建设三大外来疫情阻截带，以抵御苹果蠹蛾等外来有害生物，最终达到将疫情堵在国门之外的战略目标。

（杨红珍）

## 深度阅读


陈乃中. 2009. 中国进境植物检疫性有害生物——昆虫卷. 1-561. 中国农业出版社.

徐海根，吴军，陈洁君. 2011. 外来物种环境风险评估与控制研究. 1-263. 科学出版社.

万方浩，冯洁. 2011. 生物入侵：检测与监测篇. 1-589. 科学出版社.

张新平，王成祥等. 2012. 利用周氏啮小蜂防治苹果蠹蛾的研究. 江苏农业科学，40(10): 128-129.

刘伟，徐婧等. 2012. 苹果蠹蛾不育昆虫释放技术研究进展. 应用昆虫学报，49(1): 268-274.

张青文，刘小侠. 2013. 农业入侵害虫的可持续治理. 1-395. 中国农业大学出版社.

环境保护部自然生态保护司. 2012. 中国自然环境入侵生物. 1-174. 中国环境科学出版社.

# 大豆疫病菌

*Phytophthora sojae* Kaufmann & Gerdemann

大豆疫病菌遗传变异性强，它所导致的大豆疫病是大豆的毁灭性病害之一。防治大豆疫病的传播首先要加强检疫，禁止到大豆疫病发生区的省份调运大豆种子，确需调运的，需经过严格的检疫，合格后方可调运。禁止在发生大豆疫病的田块进行采种，疫病发生区的种子严禁调往未发生区。由于任何单一的防治措施都不能持续有效地控制大豆疫病，所以人们必须进行综合治理才有成功的可能。

大豆

## 豆中之王的“反戈一击”

“我的家在东北松花江上，那里有……漫山遍野的大豆高粱……”这首流行在“九一八”事变之后的歌曲——《松花江上》，饱含了东北人民对美丽富饶家乡的眷恋之情，也道出了东北大豆在人们的心目中所享有的盛誉。

大豆一般都指其椭圆形或球形的种子而言，所以又叫黄豆、泥豆、马料豆、秣食豆、青仁乌豆等。其实，大豆是隶属于豆科大豆属的一年生草本作物，植株高为30～90厘米。它的根有主、侧根之分，可入土1.5米深，呈钟罩状根系。奇妙的是，在地表至地下20厘米左右的根部生有根瘤，其中的根瘤菌可提供大豆需氮量的1/3～1/2。它的茎粗壮，直立，或上部近缠绕状，共有15～24个节，豆荚就着生于节上，而多节的大豆常高产。大豆叶为三出复叶，托叶宽卵形，渐尖；小叶纸质，为宽卵形。

大豆的花期为6～7月，果期为7～9月。它是自花授粉，花为蝶形，紫色、淡紫色或白色。荚果肥大，呈长圆形，稍弯，下垂，黄绿色，每个荚果内含1～4粒种子。种子为黄、绿、褐、黑或双色等多样，因品种而异。

大豆在我国自古就有栽培，至今已有5000年的种植史。我国古书上曾称大豆为菽，《诗经》中就有“中原有菽，庶民采之”的记载；西晋杜预对“菽”字的注释为“菽，大豆也”；秦汉以后就以豆字代替菽字了。我国的大豆也对世界作出了巨大贡献，现在世界各国栽培的大豆都是直接或间接由我国传播出去的。大豆在18世纪末传入欧洲，19世纪初被引入美国。20世纪30年代引起美国重视，并得到大力发展。现在，我国各地都普遍种植大豆，特别是东北、华北、西南、川陕及长江流域栽培较多，其中又以颗粒圆润饱满、皮薄色黄的东北大豆的质量为最优。

大豆花

大豆生长最理想的土壤质地是黏沙土、黏壤土和沙壤土。它是喜温作物，但同时具有一定的耐寒能力。它的生长需要足够的水分，尤其是幼苗期需水较多，开花期则需要干燥少雨，结荚期又需要一定水分，而收获期又需要干燥的气候。大豆最适宜和其他作物实行轮作或套种间作，大豆最好的前茬是玉米茬，其次是麦茬。而东北几乎具备了以上所有条件，它的气温、积温、降雨、季节变化、土质、光照，以及轮作习惯等都非常有利于大豆的种植。因此，东北被称为大豆种植的黄金地带。

大豆荚

大豆是豆科植物中最富有营养而又易于消化的食物，是蛋白质最丰富、最廉价的来源，因此它又被称为“豆中之王”“田中之肉”“绿色的牛乳”等。大豆鲜豆及其豆腐、豆芽、豆奶等产品，在今天仍然是人

成熟的大豆荚

淮南王刘安

和一些家养动物的主要食物，而对于中国人来说，豆腐的地位尤为重要。

豆腐相传是在公元前164年，由汉高祖刘邦之孙、当时著名的炼丹家——淮南王刘安发明的。刘安诞生于安徽寿县附近的八公山上，因此寿县又被称为豆腐的故乡。豆腐的诞生让人体对大豆蛋白的吸收和利用变得更加容易。豆腐柔软变通的个性给擅长烹饪的我国人民留有极大的创造空间，豆腐也因此被制作出品类繁多的菜肴，以适应不同地区人们的口味和喜好，让普通的大豆得到了升华。豆腐在唐朝时传入日本，在宋朝时传入朝鲜，19世纪初传入欧洲、非洲和北美洲等地。时至今日，豆腐仍然深受我国、周边各国以及世界人民的喜爱。

大豆还被用来做各种豆制品、榨取豆油、做黄豆酱、酿造酱油和提取蛋白质。豆渣或磨成粗粉的大豆也常用于禽畜饲料。我国的大豆加工业已经形成了比较完整的产业链条，延伸到饲料加工、畜禽养殖、水产养殖、营养保健、包装、化工、环保、军事、医药、纺织、服装、航空、航天等领域，成为国民经济中的重要组成部分。

大豆也曾是我国在国际市场上最具竞争力的农产品。

以大豆为原料制作的各种食物

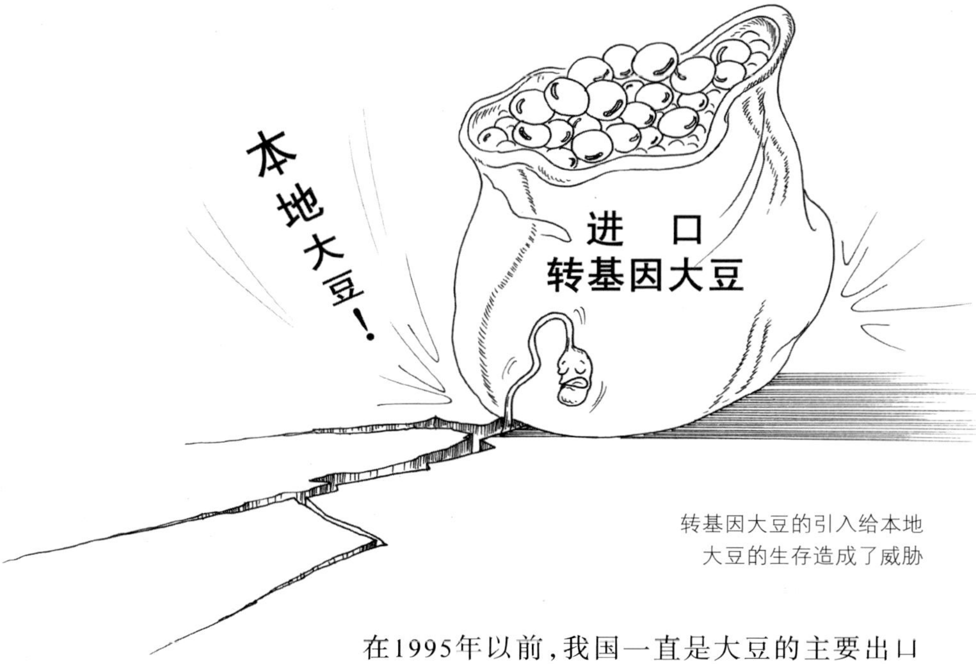


转基因大豆的引入给本地
大豆的生存造成了威胁

在1995年以前，我国一直是大豆的主要出口国。但是，此后豆中之王“反戈一击”，使我国面临着从未有过的危机：一些跨国公司带着“洋大豆”大举入侵，已基本控制了我国的大豆加工业，从而导致了我国在1996年以后成了大豆的净进口国，到2005年，我国已成为世界最大的大豆进口国，进口量约占全球贸易的1/3。尤其令人担忧的是，我国进口的大豆主要是转基因大豆。

为何进口转基因大豆能够在我国大行其道呢？这主要是由于它的出油率比国产大豆高5%左右，能带来更多的经济效益；此外，美国等大豆主产国对豆农有可观的农业补贴，这让豆农在出卖大豆时有廉价出售的“本钱”，提高了价格竞争力。

现在，我国大豆的局面可以说是“四面楚歌，身陷困境”。如果国内大豆生产全面崩溃，大豆将完全依赖进口，大豆的加工和贸易完全被外资所掌控，我国的大豆供应及饲料工业、畜禽养殖业、水产养殖业的发展将全面受制于人，传统豆制品、肉、蛋、奶及水产品等的供应将面临挑战，严重危及我国的食品安全。此外，由于转基因大豆的大量入侵，将会影响我国大豆的物种特性，而大豆的原始性状一旦受到破坏，则意味着其遗传多样性受到不可挽回的损失。

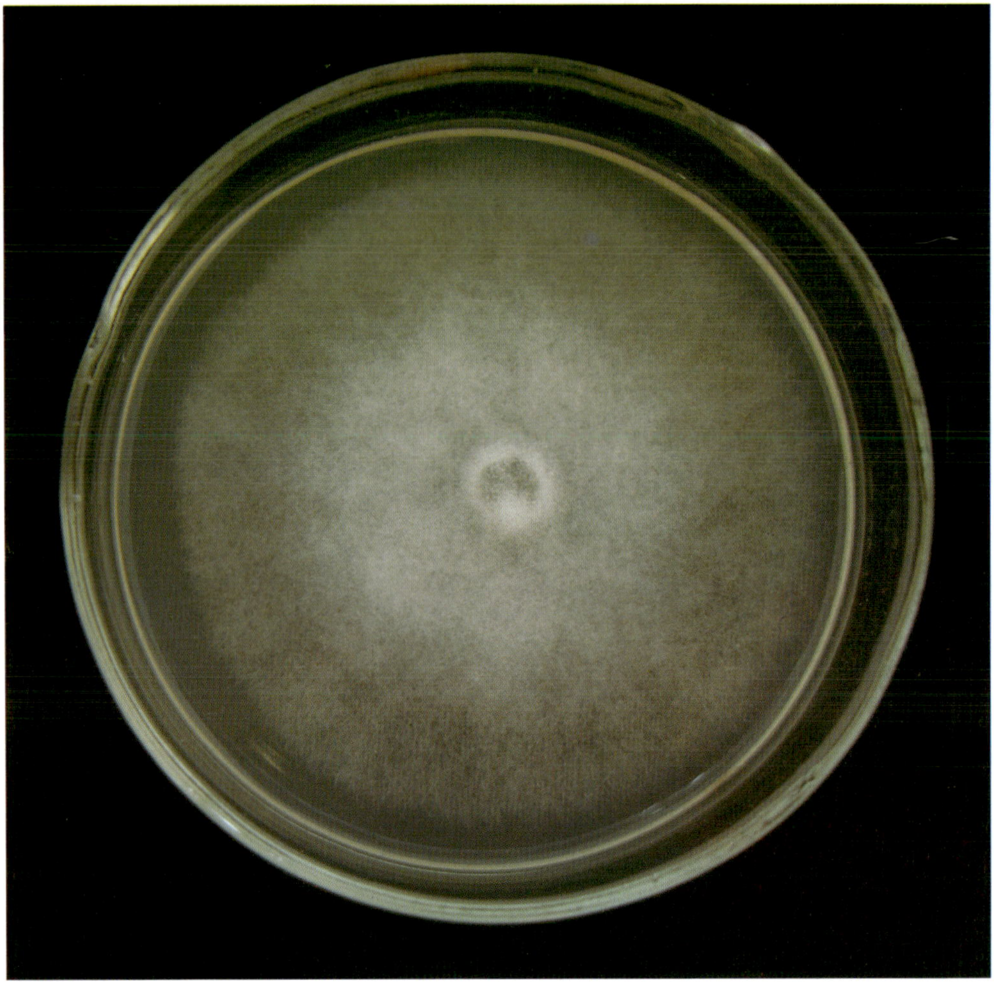

大豆疫病菌的菌落形态

## 外来疫病的威胁

我国大豆受到的外来威胁除了进口转基因大豆外，还面临着严重的外来物种入侵，特别是大豆疫病菌、大豆疫霉菌和大豆茎溃疡病菌等世界性大豆病害的入侵。

在世界范围内，危害大豆的病原菌有100多种，其中大约有35种能引起不同程度的经济损失，而上述的几种病原菌引起的病害近年来对我国大豆生产破坏最为严重。它们都是分布广、危害较重、防治困难的世界性病害，可导致大豆大幅度减产或绝产。随着大豆种子的繁殖、调运和推广，这几种病的病区逐年扩大，至今已遍及我国的

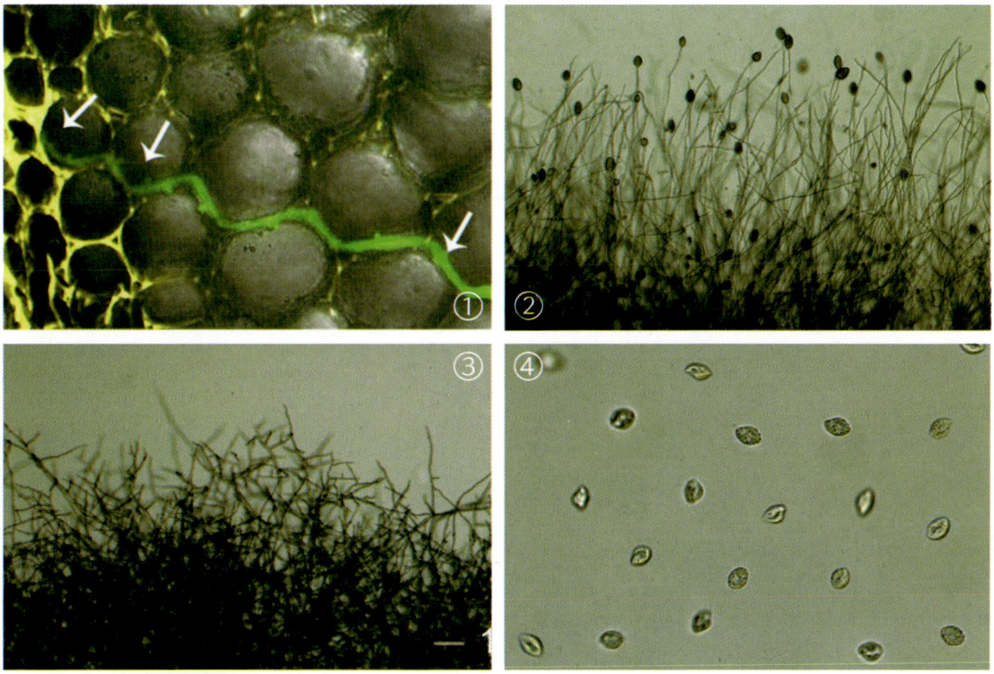

大豆疫病菌显微镜图

① 绿色荧光标记的菌丝在植物细胞间蔓延

② 大豆疫病菌的孢子囊

③ 大豆疫病菌的菌丝阶段

④ 大豆疫病菌的游动孢子

⑤ 大豆疫病菌的游动孢子在水中游动并对大豆根部的分泌物具有趋化性

大部分大豆产区。

以大豆疫病菌*Phytophthora sojae* Kaufmann & Gerdemann为例。它是一种对大豆等豆类寄主专化性相对较强的致病菌，而且具有很高的遗传变异性。它所导致的大豆疫病，也称大豆疫霉根腐病，是大豆的毁灭性病害之一，发生很严重的地块甚至会颗粒无收，所造成的损失极为严重。

大豆疫病菌在分类学上隶属于鞭毛菌亚门卵菌纲霜霉目腐霉科疫霉属。大豆疫病菌的繁殖有无性繁殖和有性生殖两种形式，无性繁殖主要靠孢子。它的幼龄菌丝无隔、多核，老龄菌丝有隔，菌丝分枝近直角，基部缩溢。孢子囊无色，呈倒梨形，孢子囊萌发形成泡囊，泡囊壁很薄，内含大量游动孢子。

大豆疫病菌的菌丝体均为同宗结合。菌丝体生长一定时期，在温度、湿度条件适宜的时候，进行无性繁殖，产生孢子囊，在作物的生长季节可以反复多次地进行再侵染。当外界环境条件不适宜时，便产生厚垣孢子，或由雌雄配子体配

受大豆疫病菌侵染后，田地中大豆植株成片死亡

合形成卵孢子，以休眠的状态抵御不良环境，并且可以在土壤中存活多年。

大豆疫病是典型的土传病害，主要以抗逆性强的卵孢子形式在土中的作物病残体中越冬。当来年春天温度、湿度条件适宜时，卵孢子打破休眠萌发，并长出芽管，发育成菌丝体和孢子囊。孢子囊在土中不断形成、积累，当土壤积水时，就产生大量游动孢子，并从孢子囊中释放出来，通过土壤中的水流传播。所以，水分饱和的土壤是侵染

的必要条件。游动孢子被吸引到发芽的种子、幼根和老根渗出液周围，并聚集在那里进行休止，然后萌发再侵入寄主根部。病菌在根组织细胞间生长，以小球状或指状吸器伸入寄主细胞内。根系受侵后，向上扩展蔓延至茎部和下部侧枝。当带病菌的土壤颗粒被风吹起落到叶面时，叶部将被病菌侵染，如阴雨连绵或天气潮湿，叶片感染更加严重，并向叶柄和茎部蔓延。

大豆疫病菌为害的其他作物

由于在潮湿条件下，根部侵染的病菌可以产生大量游动孢子。孢子随雨水飞溅，为害茎部和叶片，甚至出现病荚，其症状为绿色豆荚基部出现水浸状斑，病斑逐渐变褐并使豆荚呈黄褐色干枯，种子失水干瘪。通常在潮湿多雨的天气条件下发病重，潜育期短，再侵染次数多，传播与蔓延迅速，寄主成片死亡，很少单株发病。感病大豆品种发病后一般要减产10%～30%，高度感病品种损失可达50%以上，最严重的高达90%以上。此外，被侵染的大豆种子中蛋白质含量明显下降。

大豆疫病菌本身的传播能力并不强，但可以通过混在大豆中间的土壤颗粒、病残体及种子表皮内的卵孢子进行远距离传播，带菌土壤和病残体无论是在当年还是越冬后都可有效地传播大豆疫病。该病于1948年首先发现于美国东北部的印第安纳州,1951年又在俄亥俄州西北部的一个地区被发现,当时尚不清楚其病原;不久又在美国北卡罗来纳州、密苏里州和伊利诺伊州等中西部的其他州相继发生。1957年该病在俄亥俄州所有的大豆田发生,造成重大的经济损失。1978年该病在美国第二次暴发,全国发病面积约有800万公顷,范围涉及美国的23个州。后来,在北美洲的加拿大,南美洲的巴西、阿根廷,欧洲的匈牙利、意大利、俄罗斯、白俄罗斯、乌克兰、德国、英国、瑞士,大洋洲的澳大利亚、新西兰,亚洲的中国、哈萨克斯坦、日本、朝鲜、印度、新加坡,非洲的尼日利亚和埃及等近30个大规模种植大豆的国家都相继发现了它的入侵。在我国,由于分离技术上的原因,未能分离到大豆疫病菌,所以当时普遍认为我国没有该病害的存在。直到1989年,在东北大豆产区首次分离到大豆疫病菌,才证实了它在我国的存在。其后,北京、山东、福建、新疆、江苏、安徽等地也相继报道此病的发生。目前大豆疫病已成为我国大豆生产上的突出问题。鉴于它的破坏性和毁灭性,大豆疫病菌从1986年开始被列为我国的对外检疫重要性病原菌,1993年被国家正式公布为A1类进境植物检疫重要性病原菌,也被列入全国农业植物检疫性有害生物名单。

大豆疫病菌具有很强的寄主专化性,主

大豆疫病菌对大豆的生产危害严重

要为害大豆，但也可以侵染一些其他双子叶植物，包括苜蓿、菜豆、红豆、石刁柏、扁豆、羽扇豆、蚕豆、豌豆、刀豆、花椰菜、甘蓝、老鹳草等。大豆疫病是典型的土传病害，一旦传入，很难根治。

大豆疫病菌在大豆的所有生长期都可侵染大豆寄主，病原菌可以侵染大豆的种子、根、茎和叶部。在水淹条件下引起种子腐烂、出苗前死亡和出苗后钩状期死亡。苗期症状表现为近地表植株茎部出现水浸状病斑、叶片变黄萎蔫，严重时猝倒死亡。成株期植株受侵染后症状首先表现为下部叶片变黄，随后上部叶片逐渐变黄并很快萎蔫；近地面茎部病斑褐色，并可向上扩展延至10～11节位，茎的皮层及髓变褐，中空易折断，根腐烂，根系极少；未死亡病株荚数明显减少，空荚、瘪荚较多，籽粒皱缩。成株期染病植株的茎节位也有病状产生，

受大豆疫病菌侵染后植株的倒八字形症状

其症状为绿色豆荚基部最初出现水浸状斑，病斑逐渐变褐并从荚柄向上蔓延至荚尖，最后整个豆荚变枯呈黄褐色，种子失水干瘪，种皮、胚和子叶均可带菌。

受大豆疫病菌侵染的植株根腐烂、根系变少

## 综合治理势在必行

防治大豆疫病的传播首先要加强检疫，禁止到大豆疫病发生区的省份调运大豆种子，确需调运的，需经过严格的检疫，合格后方可调运。禁止在发生大豆疫病的田块进行采种，疫病发生区的种子严禁调往未发生区。

大田用种子必须经过严格的筛选，确保不带病菌、不使用病区的自留种。播种前使用50%安克可湿性粉剂、25%甲霜灵可湿性粉剂或60%灭克可湿性粉剂等进行拌种，药剂使用量为种子重量的0.2%，最多不超过种子重量的0.4%，避免白种下地。

一些大豆对该病具有一定的防御系统，表现出对该病菌的抗性，这一点早为育种家所利用，培育出许多抗病品种，不同的大豆品种对大豆疫病的抗性差异也很大。在抗病品种里，不仅卵孢子较少，而且通常不引起根系变色和坏死。因此，在发病地区要广泛使用抗、耐病品种，避免使用感病品种。植物能产生与植物抗病性有关的生理活性物质。其中有些物质是植物本身所固有的，有的是由病原物或寄主产生的激发子或其他因素诱导产生的，如植保素、抗毒素、木质素、免疫信息

### 防治外来物种入侵的方法

外来物种入侵的防治需要长期坚持“预防为主，综合防治”的方针，要科学、谨慎地对待外来物种的引入，同时保护好本地生态环境，减少人为干扰。在加强检疫和疫情监测的同时，把人工防治、机械防治、农业防治（生物替代法）、化学防治、生物防治等技术措施有机结合起来，控制其扩散速度，从而把其危害控制在最低水平。

人工或机械防治是适时采用人工或机械进行砍除、挖除、捕捞或捕捉等。农业防治是利用翻地等农业方法进行防治，或利用本地物种取代外来入侵物种。化学防治是用化学药剂处理，如用除草剂等杀死外来入侵植物。生物防治是通过引进病原体、昆虫等天敌来控制外来入侵物种，因其具有专一性强、持续时间长、对作物无毒副作用等优点，因此是一种最有希望的方法，越来越引起人们的重视。

大豆田

物质等。现在，人们尤为重视诱发抗病性。在大豆抗疫病机制的研究中，植保素激发子及植保素的研究已经取得了较大的进展。

尽管已经有科学家的实验表明，实行非寄主轮作4年仍不能消除该病菌，但在大豆疫病发生严重的地区，实施轮作仍然是十分必要的，如水稻—大豆—冬作或大豆—水稻—冬作，尽可能避免春、夏两季连作。

土壤湿度是影响大豆疫病严重发生的关键因素，饱和的土壤湿度有利于游动孢子的形成和传播。如果土壤被水淹没或下雨后排水不良，游动孢子大量形成并释放，有利于病害大发生。在雨量充足的条件下，排水良好可以防治该病。早期的研究表明，只有在土壤水分饱和的情况下，病原菌的游动孢子才能萌发，侵染体才能传播，因此一切可以降低土壤含水量的措施都可以有效防止该病的发生。所以，人们一定要加强水的管理，避免将大豆种植在低洼、排水不良或重黏土地上，还要加强田地耕作，防止土壤板结，增加水的渗透性，雨后及时排除田间积水，避免串灌和长时间浸泡。

在种植期间发现的病株一定要及时拔除，清除田间病残体。收获后，植株不能随处抛弃，要及时集中烧毁。但是，如果一旦大面积发现大豆疫病病株，就必须立即用选择性杀菌剂防治。可以使用的农药有50%安克可湿性粉剂1500倍液、25%甲霜灵可湿性粉剂600倍液或60%灭克可湿性粉剂1500倍液等，进行喷雾防治，7天喷1次，连喷3次。

对该病的生物防治也有很多尝试，用多种真菌、放线菌来寄生大豆疫病菌卵孢子，可以减轻病害。例如，应用Ballilluscereus菌株UW85防治大豆疫病已经取得良好效果，其作用机理主要是抑制大豆疫病菌生长，同时通过促进大豆根瘤形成而促进大豆生长。

综合国内外防治大豆疫病的经验表明，任何单一的防治措施都不能持续有效地控制大豆疫病。大豆疫病菌种群具有高度的变异性，大豆品种抗性容易丧失，种植耐病品种也不能完全控制病害；杀菌剂如甲霜灵等也并不是对所有的品种都有效，各种栽培措施虽可减轻危害，但不能完全有效，因此只有进行综合治理才能持续有效地防治大豆疫病。

（张昌盛）

## 深度阅读


万方浩，郑小波，郭建英. 2005. **重要农林外来入侵物种的生物学与控制**. 1-820. 科学出版社.

万方浩，郭建英. 2009. **中国生物入侵研究**. 1-302. 科学出版社.

万方浩，彭德良. 2010. **生物入侵：预警篇**. 1-757. 科学出版社.

张国良，曹坳程，付卫东. 2010. **农业重大外来入侵生物应急防控技术指南**. 1-780. 科学出版社.

万方浩，谢丙炎. 2011. **入侵生物学**. 1-515. 科学出版社.

万方浩，冯洁. 2011. **生物入侵：检测与监测篇**. 1-589. 科学出版社.

# 二斑叶螨

*Tetranychus urticae* Koch

二斑叶螨的两类克星可以帮助我们遏制它的疯狂行为。一类是它的捕食性天敌，能通过取食二斑叶螨来控制它的种群数量，这就是生物防治中的“以虫治虫”技术；另一类是它的真菌和病毒类天敌，我们能够从中提取对其有致死作用的毒素并做成生物制剂，这就是生物防治中的“以菌治虫”技术。

遭受二斑叶螨为害之后，桃树的绿色叶片变成斑驳的“花脸”

## 一片干枯似火烧

炎热的夏季，当你经过一片菜地的时候，有时会发现有些异常，一小片植物好像干枯了，本来绿油油的叶子失去了原来的生机和光彩，叶片大部分区域变成了斑驳的花脸，甚至叶片全部失去绿色，变成了干枯的样子。是谁把原本生机勃勃的“少女”变成了枯槁的“老妇人”？是缺少水分的滋润？不对，同一块菜地其他区域的植株都很正常，唯独这一片菜地有异常。是太阳的毒烤？也不是，叶片虽然失去绿色，但并不是萎蔫老迈的状态。是火烧造成的？显然不可能，这些蔬菜一片枯黄，看起来真的就像被火毁过容一样。到底是怎么回事儿？难道它们得了像人类早衰症一样的怪病？

遭受二斑叶螨为害的黄瓜叶片

看来，仅凭我们凡夫俗子的肉眼是不可能找到原因了，为了能验明正身，必须依靠火眼金睛——显微镜来告诉我们答案。摘一片斑驳的叶片拿到显微镜下面一

实验室里在植物叶片上
养殖二斑叶螨

看，结果让人大吃一惊！

肉眼看不出端倪的叶片，在显微镜下面却是一番迥异的景象：不大的叶片上竟然趴着许多大小不一、颜色各异的“小虫子”。它们密密麻麻地趴在叶片背面和正面，但叶片背面显然要多一些。这些小虫子可能受到显微镜灯光的影响，一部分开始在叶片上爬来爬去。如果仔细检查一下，会发现叶片上的小虫子的形态并不完全相同，大致有下面几种。

个头最大的一种身体为橙红色，椭圆形，体长在0.5毫米左右。身体背面左右两侧各有1块黑色长斑，背侧前方左右各有一个红色的眼点。椭圆形的身体下方可以明显看到有4对足，因为细小，在显微镜下呈现出白色透明状。在足和身体上还有明显的刚毛。

二斑叶螨的卵

二斑叶螨若螨和幼螨

二斑叶螨具三对足的幼螨

第二种个头更小些，只有大约0.26毫米长，身体更圆，尤其是前端接近圆形，腹末较尖。身体背侧也有红色的眼点和黑色长斑，身体为黄绿色，也有4对近似透明的足。

第三种的形态和第二种差不多，也有红色的眼点、暗色的长斑和4对足，只是个头比第二种还要小，在0.20毫米左右。

幸运的话，还可以看到只有3对足的个体，这种个体是刚刚由卵孵化出来的，体长只有0.15毫米，身体非常稚嫩，为透明的黄白色，有

二斑叶螨成虫

二斑叶螨雄性成虫(左)和雌性成虫(右)

明显的红色眼点。

最后一种是圆球形的卵，表面光滑，长0.13毫米，有的卵是乳白色或无色，有的卵为黄色、橘红色、褐色，主要分布于叶脉两侧，有的卵有明显的红色眼点。

在显微镜下，以上几种虫态在生长季节一般都可以看到，并且密度很大。没有显微镜的帮助，凭肉眼只能看到枯黄的叶子，近距离仔细看的话，也只能隐隐约约看到叶子上有些针眼大小的红点，根本

二斑叶螨雌性成虫(右)

不可能引起人们的注意。可你知道吗？植物干枯的叶子都是由这些肉眼根本看不到的“小虫子”造成的。它到底是何方神圣？

事实上，这种“小虫子”还真不是昆虫大家庭中的一员。它的名字叫二斑叶螨*Tetranychus urticae* Koch，因身体的背部左右各有一个暗色长斑而得名，又被称为二点叶螨、叶锈螨，还有一个霸气的名字叫“火龙”。由于大多数叶螨的身体都是红色的，因而俗称“红蜘蛛”，但二斑叶螨的体色却要浅一些，所以农民就形象地称它为“白蜘蛛”。它和蜘蛛有一定的亲缘关系，在分类学上，它是隶属于节肢动物门蛛形纲蜱螨目叶螨科叶螨属的一种动物。

## “刺客”生存有妙招

二斑叶螨身体微小，体长都在1毫米以下，口器为刺吸式，像个“刺客”一样，其口针安置在针鞘内。二斑叶螨个体发育包括卵、幼螨、第一若螨、第二若螨和成螨5个时期，在幼螨和每个若螨之后都有一个静止期。我们在显微镜下看到的第一种形态就是二斑叶螨的雌性成虫，它们的个体最大，体色在不同时期会有变化。当密度增大时或种群迁移前体色变为橙黄色；滞育时身体呈淡红色，体侧无斑；取食后体色变成浓绿、褐绿色。第二种形态是雄性成虫，在形态上它与另外一种常见的朱砂叶螨很难区分。第三种是它早期的若螨，若螨又分为第一若螨和第二若螨两个阶段，这两个阶段的二斑叶螨体背开始出现色斑，第二若螨与成螨几乎没有区别。只有3对足的是幼螨，这也是螨类个体发育中唯一有3对足的阶段。足的数目也是区别幼、若螨的主要特征之一。卵刚开始产下时是乳白色，后来渐渐变成橙黄色，快孵化时出现红色的眼点。成螨体色多样，可以说是节肢动物中的“变色龙”，它们身体的颜色会随着生长的不同阶段而变化，有浓绿、褐绿、黑褐、橙红等，一般带有红色。雌螨繁殖期为黄绿色，背部两侧有褐色斑点，但是在越冬时期身体呈橘红色，背部褐色斑点消失。

上面提到的滞育，

知识点

## 寄生与寄主

两种生物在一起生活，一方受益，另一方受害，后者给前者提供营养物质和居住场所，这种生物之间的关系称为寄生，其中受害的一方叫寄主，也称为宿主。植食性昆虫都是以植物作为寄主的昆虫，其中有些昆虫是通过取食植物的叶片、刺吸植物叶片和嫩茎或者潜入叶片内部来为害植物，这类昆虫被称为食叶类害虫。另一些昆虫为钻蛀类害虫，它们钻入寄主植物体内进行为害，主要包括蛀茎类、蛀干类和蛀果类等3大类害虫。钻蛀类害虫相比食叶类害虫的为害隐蔽性强，为害严重且难以防治。

还有一些昆虫，它们会寄生在植食性昆虫的体内，称为寄生性昆虫。它们的成虫将卵产于寄主体内，幼虫孵化后取食寄主的营养，并最终使寄主死亡，从而成为保护植物免受敌害的守护神。寄生蜂是最常见的一类寄生性昆虫，主要有小蜂、姬蜂、茧蜂等。

是指动物受环境条件的诱导所产生的静止状态的一种特性，二斑叶螨就有滞育现象。滞育常发生于一定的发育阶段，比较稳定，不仅表现为形态发生的停顿和生理活动的降低，而且一经开始必须度过一定阶段或经某种生理变化后才能结束。正是由于滞育，才能使二斑叶螨安全度过不良环境，在自然界中得以生存繁衍。影响二斑叶螨滞育的主要环境因素是光周期、温度和寄主营养。二斑叶螨属于长日照发育短日照滞育型。在光周期一定的情况下，温度对二斑叶螨的滞育的影响也很大，低温可促进短日照对滞育的诱导作用，而高温则明显抑制这种作用。

草莓

二斑叶螨一年可发生十几代，在南方可达到20代。在北方，它们以受精的雌成虫在土缝、树皮裂缝、枯枝落叶下或宿根性杂草的根部等处吐丝结网，潜伏越冬。到了3～4月份，平均温度达10℃左右时，越冬雌虫开始出蛰活动并产卵。越冬雌虫出蛰后一般集中在草莓、打碗花、葎草以及菊科、十字花科的一些杂草上为害，并在这些杂草上产下第1代卵，卵期10天左右。成虫开始产卵至第1代幼虫孵化盛期需20～30天，即第1代卵孵化盛期在4月下旬至5月上旬，5月上旬后陆续迁移到蔬菜上为害，以后世代重叠，在同一个时期可见不同的虫态。随着气温的升高，其繁殖也加快，全年为害高峰期在6月中旬至7月下旬，一般年份可持续到8月中旬前后。大发生或食料不足时，常千余头群集于叶端成一虫团。二斑叶螨喜欢高温和极端干燥的环境条件，最适合的发育温度为25~31℃，干旱时为害猖獗，如果降雨频繁，可以明显抑制它们的危害。10月后陆续出现滞育个体，但如此时温度超出25℃，滞育个体仍然可以恢复取食，体色由滞育型的红色再变回到黄绿色，进入11月后均滞育越冬。

## 入侵本领莫小瞧

事实上，二斑叶螨在国外早已臭名昭著，被称为第一大害螨。它在世界各地都有分布，特别是美国北部、英国、土耳其、地中海沿岸、南非、澳大利亚、摩洛哥、俄罗斯、新西兰和日本等地。1978年我国首次在台湾发现，1983年北京市首次发现它为害一串红等花卉植物。从那以后，在甘肃天水，山东招远、临沂，河北献县、昌黎等地也陆续发现了它的踪迹，局部地区造成的危害十分严重。20世纪90年代初，二斑叶螨更是暴发成灾。现在，它在我国已入侵到东北、华北、西北及江苏、安徽两省北部的广大地区，而且危害程度也越来越大，已经成为蔬菜、果树和花卉上的重要害螨。

在很短的时间内，二斑叶螨这个连肉眼也很难分辨的“小东西”，就上升为害虫界中不可小觑的一员，其中必定有它们“成功”的原因。

首先，它们拥有“尖端”武器——针头般的刺吸式口器。若螨和成螨成群地聚集在叶子背面，用锋利的刺吸式口器刺穿植物细胞，吸食叶片的汁液。它们刺穿植物细胞的效率非常高，每分钟可以刺穿18～22个细胞。虽然主要为害的似乎是相对无关紧要的叶片部分，但后果却十分严重。

为害初期，叶片正面会出现一些针眼大小的白点，以后逐渐扩大，以致整个叶片失绿枯白，然后发黄或发红。这样的受害叶片不能有效地进行光合作用，严重影响植物的生长。此外，叶片被害部分的气孔机能失调，会不正常地张开，这样会导致蒸腾作用增强，造成植物失水过多，抗旱力下降，严重时叶子焦枯。不仅如此，二斑叶螨在破坏植物叶片

受二斑叶螨为害初期的植物叶片

的同时，还释放毒素或生长调节物质，这些物质会使植物生长失衡，导致有些嫩叶出现凹凸不平的状态，大发生时树叶、杂草和农作物叶子片片焦枯，这就是本文开头讲到的一片干枯似火烧的情形。除了叶片，二斑叶螨还可以为害芽、嫩茎和果实。被害果实常萎缩变黄、干硬，缩短结果期，严重影响果实的产量和质量，造成减产。

其次，二斑叶螨"兵多将广"——有非常强的生殖能力。它们有两种生殖方式。一种是两性生殖，也叫作有性生殖，即通过雄性和雌性成螨交配产生后代，后代中既有雌性个体，也有

茄子

黄瓜

菠菜

二斑叶螨的寄主——蔬菜

二斑叶螨的寄主——水果

雄性个体，这种是二斑叶螨最主要的生殖方式。多数雌螨一生仅交配一次，交配时间从1分钟至数分钟不等，雌螨交配后1～3日即可产卵。另外一种生殖方式是孤雌生殖，即雌性成螨不经过交配也可以自己产卵，这些没有经过受精的卵孵化出来的个体都为雄性个体。每个雌螨可产卵50～100粒，最多可达900粒。如此强大的生殖能力使这个家族成员迅速扩张，短时间内就达到不可控制的程度。它们的战斗力也非常强大，大约1个半月就可以使一代的四季豆完全死亡。

除了吸食植物汁液，造成农作物减产外，二斑叶螨对植物的另一个撒手锏是"不挑食"。在叶螨科这个大家族中，它们是食性最广的一类，不仅吃茄子、菠菜、黄瓜等蔬菜，吃苹果、梨、桃、杏、李、葡萄、樱桃等水果，也吃大豆、花生、玉米、高粱、棉花等农作物，就连大丽花、一串红等花卉和苦菜等杂草也不放过，对一般害虫实行的轮作等手段对二斑叶螨根本不起作用，它们几乎见什么吃什么。

二斑叶螨不满足于生存在一个地方，它的“野心”是让子孙后代占领全世界。二斑叶螨“周游世界”的目标是通过两个途径来实现的。一是通过织网主动传播。它们会在植物上结一个疏松的丝网，必要时网上结网，有时结的网可把整个叶片覆盖起来，并且把网织到叶柄上，甚至细丝还可在植株间相搭接。它们就用这些蛛丝来作为传播的通道和载体，顺着蛛丝爬行扩散，吐丝下垂，再借风雨传播。

另外，因为它们体形微小，很容易搭上“顺风车”，风力、流水、昆虫、鸟兽、人畜、各种农具和花卉苗木都是它们的目标，一旦落地就会迅速向周围蔓延。二斑叶螨在苹果园、梨园和温室的竞争力明显高于另外一些螨类害虫（例如朱砂叶螨和山楂叶螨），其一旦进入果园为害，则很快会替代原来的害螨而成为新的优势种。我们凭肉眼难以发现它们，往往容易忽略对它们进行防治。

二斑叶螨的寄主——花卉

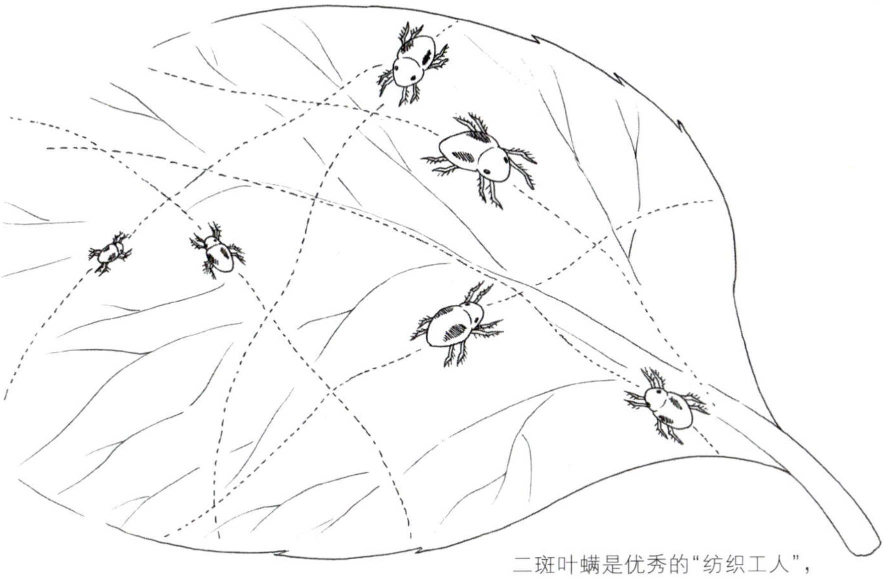

二斑叶螨是优秀的“纺织工人”，
它可以织出密密的网覆盖整个叶片

## 幸有“天兵”可帮忙

二斑叶螨如此猖獗，我们难道对它们束手无策吗？俗话说“一物降一物”，幸好有它们的克星帮助我们遏制二斑叶螨的疯狂行为。

二斑叶螨的天敌种类很多，可分为两大类。一类天敌通过取食二斑叶螨来控制它们的种群数量，我们称为捕食性天敌。捕食性天敌包括捕食性昆虫如食螨瓢虫、小花蝽、草蛉、蓟马、捕食性蜘蛛、捕食性螨类等10多种，其中捕食性螨主要包括智利小植绥螨、加利福尼亚钝绥螨和西方盲走螨等，尤其是植绥螨对害螨的防治效果最明显，这就是生物防治中的“以虫治虫”技术。

天敌各有喜好，取食二斑叶螨的阶段也不相同，根据这些特点可以选择合适的时机释放捕食性天敌。比如，伪钝绥螨雌成螨对幼螨和卵的控制能力比较强，因此在二斑叶螨开始暴发的时期释放最好；东亚小花蝽喜欢取食二斑叶螨的雌成螨，可以在害螨发生盛期释放。

另一类天敌主要是真菌和病毒等，但需要我们把这些天敌进行

二斑叶螨的寄主——玉米

加工，做成生物制剂来对二斑叶螨进行防治。大型有毒真菌及其次生代谢产物具有抑菌杀虫活性，经研究，从五棱散尾鬼笔、褐云斑鹅膏菌、豹斑毒鹅膏菌等大型有毒真菌中提取的毒素，对二斑叶螨都有

二斑叶螨的寄主——高粱

致死作用。这就是生物防治中的“以菌治虫”技术。大型真菌毒素是天然产物，具有易降解、种类多、活性强、与环境相容性好、易与其他药物混配、合理使用对人畜安全等优点，倍受人们重视。利用真菌生

二斑叶螨的寄主——庄稼

产杀虫剂，不仅可以解决单纯使用化学农药带来的一系列环境问题，也是克服害虫对农药产生抗性的有效途径。

生物防治虽然具有效果好、对作物无毒副作用等优点，但也存在着不易建立天敌优势种群、维持天敌种群的费用昂贵等缺点，一直没能大面积推广。所以在相当长的一段时间里，二斑叶螨的防治手段仍然要依靠化学防治。但鉴于大量使用农药会导致环境污染和自然生态平衡的破坏，加上二斑叶螨抗药性的增强，生物防治越来越引起人们的重视。

## 全面围歼有妙招

尽管二斑叶螨的天敌众多，人类研发出来的化学药剂也是五花八门、轮番上阵，可二斑叶螨最终还是在和人类的战争中更胜一筹。近20年来，它们疯狂扩张的势头不但没有被遏制住，反而由潜在性害虫上升为农作物主要害虫，真可谓“道高一尺，魔高一丈”。其主要原因是人类大量使用化学杀虫剂，使二斑叶螨产生了抗药性。

二斑叶螨和朱砂叶螨、苹果叶螨形态相似，人们很难辨别，于是就长期选用广谱高毒的有机磷和菊酯类农药对其进行混合防治，使得二斑叶螨对各种杀虫、杀螨剂的抗药性日益增强；再加上二斑叶螨的体形微小，世代历期短，繁殖力强，抗药性产生极为迅速；此外，愈演愈烈的农药大战也起到了“推波助澜”的作用。二斑叶螨抗药性的增强虽然与遗传学、生物学、生态学及害螨的防治措施等多种因素有关，但大面积长期频繁地使用单一或同一类型的化学农药是它产生抗性的重要原因，这给防治带来了极大的困难，给农业生产带来了巨大的经济损失。

胜败乃兵家常事，对二斑叶螨进行控制注定不是那么简单和轻而易举的，必须对它们进行全面围歼，才能取得这场战役的胜利。

首先是人工防治，也就是结合各项农业上平时的劳作，根据二斑叶螨的发生规律，有意识地减少二斑叶螨的密度和发生概率。这项工作主要是在春季、秋季和冬季进行，具体操作如下。在越冬期间和早春越冬的二斑叶螨出蛰前，要及时刮除树干上的翘皮、老皮，清除果园里的枯枝落叶和杂草，并把它们集中深埋或烧毁，以此来消灭越冬雌成螨；在春季及时中耕除草，特别要清除阔叶杂草，及时剪除树根上的萌蘖，消灭其上的二斑叶螨。经过这样的农事操作，会在将要来临的夏季最大限度地减少二斑叶螨的发生。秋后清除枯枝落叶并集中烧毁、秋季深耕、冬灌均可消灭大量越冬雌螨。

与二斑叶螨形态相似的其他有害叶螨

其次是生物防治，主要是保护和利用二斑叶螨在自然界中的天敌，或者释放捕食螨来控制它们的密度。生物防治最大的优点是对环境友好，

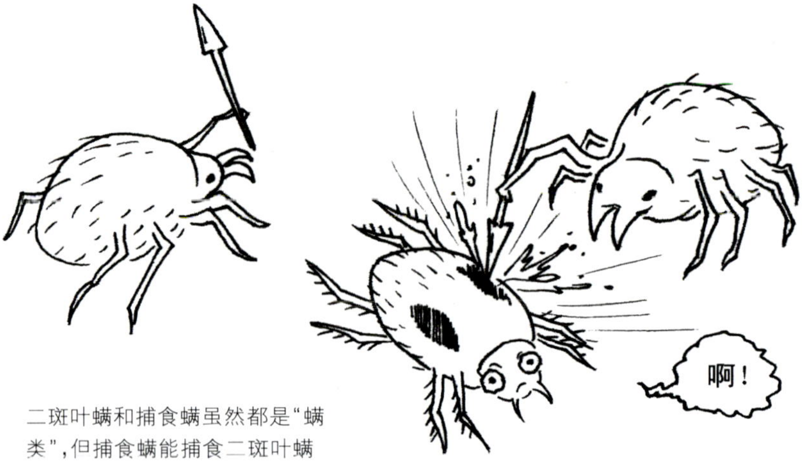

二斑叶螨和捕食螨虽然都是“螨类”，但捕食螨能捕食二斑叶螨

但也存在着费用高，见效慢等缺点。在生物防治中值得一提的是生物农药。随着人们对绿色食品的需求日益增高，一些生物农药倍受青睐，例如在二斑叶螨的防治上最常用的阿维菌素。阿维菌素是一种高效、广谱的抗生素类杀虫杀螨剂，是从土壤微生物中分离出来的天然产物，也是一种低毒、低残留的无公害生物农药。但阿维菌素被广泛连续多年用于二斑叶螨的防治后，效果也有所降低，于是人类又尝试新的生物农药比如植物源农药。有些植物的次生代谢物质可以抵抗其他生物的侵害，因此是开发新型农药的资源之一。植物性杀虫剂藜芦碱醇溶液控制二斑叶螨的能力与阿维菌素接近，而且可用于AA级绿色食品生产。氰戊苦参碱也是一种生物性农药。目前已经在研究中的还有银杏叶、北细辛等植物的挥发物。

最后是药剂防治，也就是化学防治了。前面也提到过，虽然使用农药会有环境污染，使二斑叶螨产生抗药性等缺点，但它能快速有效地控制二斑叶螨的种群数量。药剂防治的关键在于要掌握好用药的时间，根据二斑叶螨的发生特点进行针对性的防治。早春是越冬后第1代螨和螨卵孵化初期，也是用药的最佳时期，这个时期进行防治会有效地把它们扼杀在摇篮中。夏季是螨类发生危害的高峰期，要抓住害螨扩散初期的防治。在越冬雌成螨出蛰期，在树上喷50%硫悬浮剂或波美1度石硫合剂，用来消灭在树上活动的成螨。在农药的选择上，要注意将不同类型、不同作用方式的杀螨剂混用或轮用，以发挥最理想的控螨效果，同时也能延缓抗药性的发生和发展。此外，还要避开主要天敌大量发生期施药，少用或不用有机磷、菊酯类广谱杀虫剂，以保护天敌。

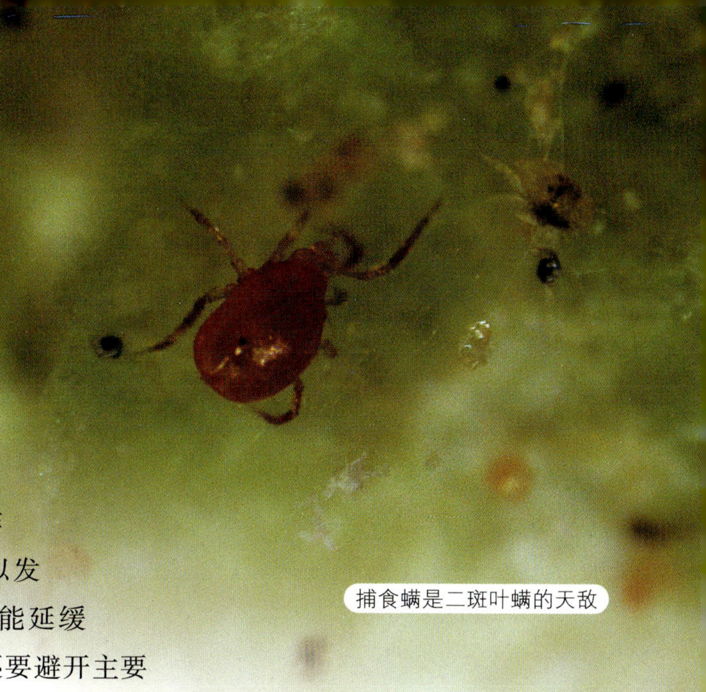

捕食螨是二斑叶螨的天敌

在这样的全面围歼下，相信人类一定能取得歼灭二斑叶螨战役的胜利。

（李竹）

## 深度阅读


蔡双虎，程立生. 2003. 二斑叶螨的研究进展. 热带农业科学，2003(4): 68-74.

刘庆娟，于毅等. 2011. 二斑叶螨的发生与防治研究进展. 山东农业科学，2011(9): 99-101.

徐海根，强胜. 2011. 中国外来入侵生物. 1-684. 科学出版社.

张青文，刘小侠. 2013. 农业入侵害虫的可持续治理. 1-395. 中国农业大学出版社.

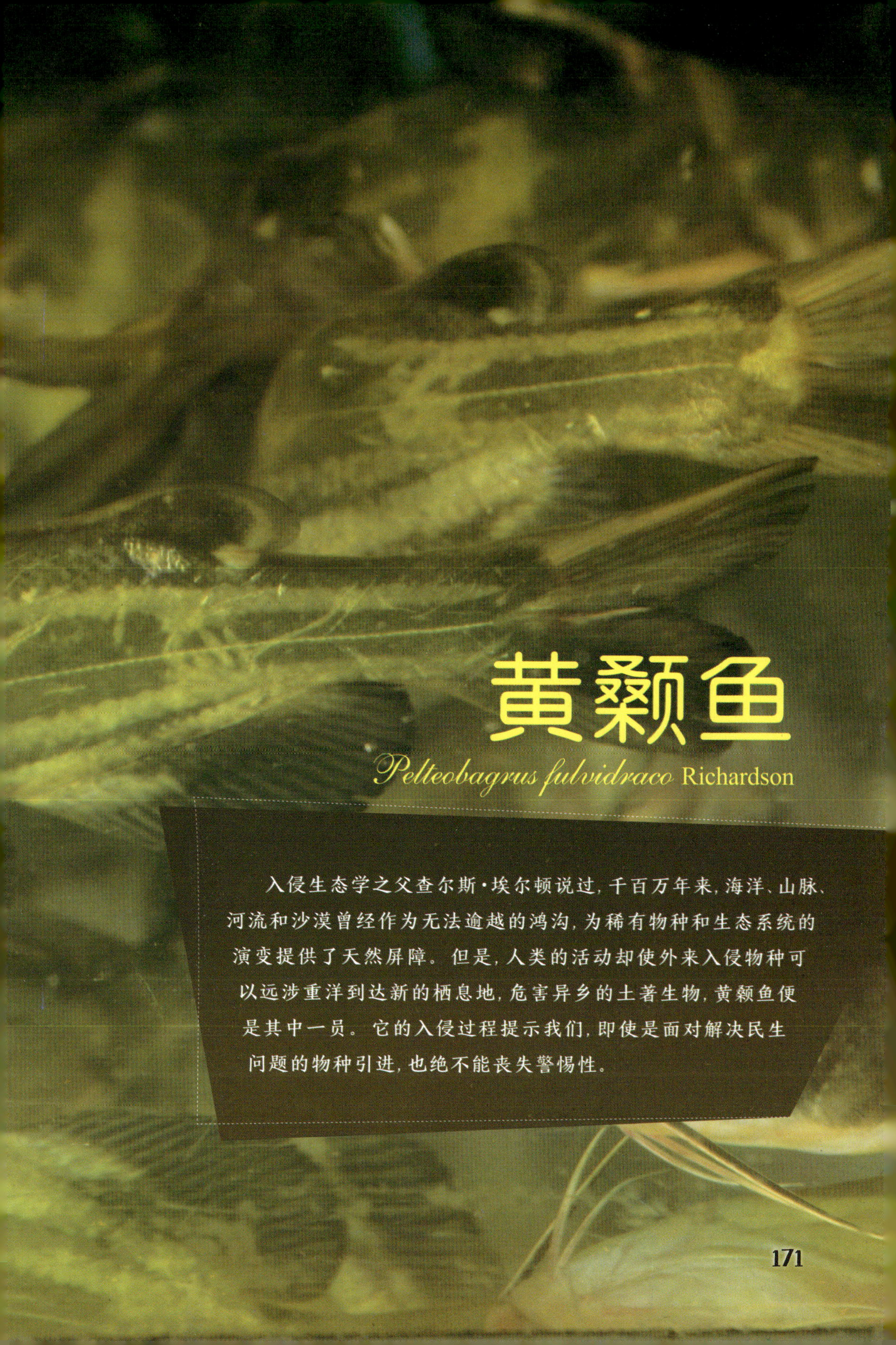

# 黄颡鱼

*Pelteobagrus fulvidraco* Richardson

入侵生态学之父查尔斯·埃尔顿说过，千百万年来，海洋、山脉、河流和沙漠曾经作为无法逾越的鸿沟，为稀有物种和生态系统的演变提供了天然屏障。但是，人类的活动却使外来入侵物种可以远涉重洋到达新的栖息地，危害异乡的土著生物，黄颡鱼便是其中一员。它的入侵过程提示我们，即使是面对解决民生问题的物种引进，也绝不能丧失警惕性。

黄颡鱼已经成了百姓餐桌上的普通菜品

## 从实验室走向大江南北

当我在外来入侵物种的名单中，看到黄颡鱼*Pelteobagrus fulvidraco* Richardson的名字，一时情感有些复杂。说来话长，黄颡鱼属于鲇形目鲿科黄颡鱼属。在我国淡水经济鱼类中，鲇形目鱼类由于肉质鲜美、细嫩，一直都是公认的名贵鱼种，深受百姓喜欢。我的母校靠近江边，那条江里盛产鲇形目鱼类，我的老师、老师的老师都希望通过研究找到人工繁殖、驯化和饲养这类鱼的方法。这些老一辈的学者，他们经历过20世纪五六十年代国家经济落后、人民生活艰辛的时期，他们深深知道，解决百姓的食物问题对国家、对人民有多么重要的意义。因此他们的学术生涯几乎都奉献给了解决这些问题的过程中。他们研究这些鱼的生态学、行为学、组织学，不仅做基础的理论研究，也在进行渔业生产的探索。经常听到老师们议论的鱼类有大口鲇、长吻鮠、大鳍鳠、黄颡鱼、拟鲿等。那时候，我的母校的鱼类专业有一个不成文的传统，每到春天，老师们都会带着学生去渔民那里买一些鲇形目的鱼类，带回实验室或试验鱼塘，进行人工繁殖。在我上学时，大口鲇、长吻鮠已经投入养殖生产，但饲养的人不多，价格还是很高；黄颡鱼已经在实验室取得成功，还未达到大范围推广生产的程度。因此我的大学时代是致力于开发这种鱼，希望它高产、走进千家万户。大学毕业后没几年，通过像我的老师们这样的鱼类学工作者和养殖专家的共同努力，长江沿岸地区就有了养殖的黄颡鱼；2000年后，就得到广泛的认同，我国南方、北方都开始养殖这种鱼。还记得2000年在北京的鱼市上，看到少量的黄颡鱼，那时的价格是40元一市斤，现在便宜了一半，而且几乎天天都能看到市场上有这种鱼出售。可见，黄颡鱼的人工养殖难题已经完全解决，并且能让普通百姓买得起、吃得起。想想自己曾经参与过对这种鱼的研究探索，现在取得了成功，心里忍不住会泛起一丝丝的自豪感。路过市场，看见有黄颡鱼出售，我有时候即使不买这种鱼，也要打听一下价格，顺便问问这种鱼的销售情况。每当听见卖鱼的老板说“这种鱼好吃，刺少，卖得快”时，我心里就甜滋滋的，然后悄悄按捺住心中的喜悦，装成若无其事的样子走开了。

当我现在与同事们开始讨论，由于不谨慎地引种，给当地生态环境带来的危害时，怎能不百感交集？3月的南方总是细雨蒙蒙，春天的清晨五六点钟，老师就会冒雨带着学生赶到江边码头，等候渔民的渔船。船刚刚靠岸，就急忙跑过去，跟渔民挑选要研究的鱼；回到实验室，立即开始测量、观察，注射激素催产、记录、画图等，讨论实验结果并总结，一批一批地做下去，总希望下一批孵化率高一点、成活率高一点。忙过这个季节，结果不理想，就又等来年的春天。这样的实验，在我进学校前，老师们已经做了很多年，我毕业后，师弟师妹们也还在继续。这些成果是几代人努力的结果，包括我自己也亲身经历过这个过程、亲手做过许多实验。那时，哪里想到引进黄颡鱼也会给一些地区水域的生态环境带来危害呢。

现在，黄颡鱼除了西部高原地区

农贸市场出售的黄颡鱼

嘎鱼（黄颡鱼）是饭店里常用的食材

以外，我国南方、北方都有分布，各个地区都给它起了富有地方色彩的土名字，四川人叫它黄腊丁，北京人叫它嘎鱼，还有的叫它黄骨鱼、盎公、盎丝、昂刺、嘎牙子等，算起来有10多个名字，可见渔民对它还是比较熟悉的。叫它黄腊丁、黄骨鱼，可能是因为它身体颜色的缘故；叫它嘎鱼、盎公可能与黄颡鱼发出的声音有关。在繁殖季节，黄颡鱼成群活动时，往往由于肩带骨的摩擦，会发出类似“嘎、嘎”的声音。渔民如果去捕鱼，听到这种声音，就知道那个地方有黄颡鱼活动，自然就会满载而归。黄颡鱼一直被老百姓认为是一种补气血、健脾胃的鱼，谁家要是吃这种鱼，总会劝身体弱的，或是小孩、老人多吃一点。不过，黄颡鱼在野生水域中的产量比较低，因此价格比较昂贵，是百姓餐桌上的名贵品种。

## 在产房守候的鱼爸爸

黄颡鱼在鱼市场上还是很容易识别的。在一片银光闪闪、体形壮硕、游来游去的鱼群中，有一缸鱼，身体艳黄色，头扁口大，嘴角有4对须，趴在水底不怎么活动的，应该就是黄颡鱼。它是一种小型的经济鱼类，个子不大，一般体长少有超过20厘米，体重少有超过200克的个体。身体颜色在我国淡水鱼中属于比较鲜艳的类型，全身无鳞，但背鳍和胸鳍的前缘都有带锯齿的硬刺。不要小看这几根带着硬刺的鱼鳍，当黄颡鱼

黄颡鱼全身无鳞

黄颡鱼头扁口大，嘴角具有4对须

横向展开胸鳍，纵向竖起背鳍的时候，就没有什么鱼能吃掉它了，因为那几条小小的硬刺会戳穿凶手的嘴巴。

黄颡鱼多在湖泊、池塘等静水或江河、溪流的缓流中活动，营底栖生活。白天栖息于水体底层很少活动，夜间就会游到水的上层活动、觅食。它是以肉食性为主的杂食性鱼类，在自然水体中主要吃一些小鱼虾、各种水生昆虫、小型软体动物和其他水生无脊椎动物，偶尔也吃一点水草。黄颡鱼属于温水性鱼类，生存温度0～38℃，最佳生长温度25～28℃。黄颡鱼肉质细嫩，无细刺，虽然个体小，但生长速度快，2龄鱼可达60克以上；繁殖力高，养殖周期短，老百姓认可度高，因此很多鱼类研究机构、养殖机构在20世纪90年代后期，就极力研究和开发黄颡鱼的人工养殖技术。

模拟自然繁殖就需要了解自然环境中黄颡鱼的繁殖行为，然后人工模拟自然条件，促使它们产卵、受精。在野外，到了繁殖季节，雄鱼游到沿岸水草茂盛的泥沙地区，用胸鳍在水底部刨出一个小窝。一般呈圆形和椭圆形，直径大约16～37厘米，深9～15厘米。雌鱼把卵产在窝内，受精后，雄鱼就守护在鱼卵附近，并用胸鳍不停地扇动水流，增加水中的溶氧量，以利于鱼卵的孵化。直到孵出的仔鱼能够

黄颡鱼

自由游动，雄鱼才会离开。人工条件下，产卵池中要模拟自然环境，应当设置流动的微水流。流水这个条件很重要，一些鱼类没有流水的刺激，性腺不能成熟。黄颡鱼虽然喜欢在水流缓慢的区域活动，但没有流水，亲鱼很难产卵、受精，即使有受精卵，孵化率也不会高。所以产卵池、孵化池都要有流水。除了这个条件，在产卵池的底部还要放一些瓦片等做鱼巢，然后选择一批亲鱼，一般是几组或几十组，注射激素，进行催产，目的是达到同步成熟、排卵受精。催产后的黄颡鱼先是集群游动，不久雄性亲鱼开始占据人工提供的“鱼巢”，在巢周边游动展示自己以及自己的“领地”，雌性亲鱼会顺池壁游动，巡视观察，发现了满意的对象，就游到那只雄鱼的巢边，然后会慢慢伏在巢中，可能是这个将要当妈妈的雌鱼要亲身体验一下给它宝宝的小窝是否舒适。双方认可后，自然会有一番亲昵、游戏的过程，大约三四个小时后，亲鱼就会产卵、授精。雌鱼产完一批卵，就离开一会儿，再回来，又产一批，往返四五次，产卵才能完成。在这个过程中，雄鱼会守在一旁，摆动身体，扇动水流给鱼卵增氧。当大批亲鱼产卵完毕后，又开始聚群周游，所到之处，如果看到有鱼卵的“鱼巢”则会将鱼卵吃掉。因此，产卵结束后，要及时取出沾有受精卵的“鱼巢”，并洗去泥浆、污物，经消毒后转入孵化池，采用流水与空气压缩机增氧相结合的方式进行孵化，同时还要注意给鱼卵清洗消毒，防止水霉滋生。模拟自然繁殖需要的人工虽然少些，但人工鱼巢的大小、摆放的密度、受精卵的转移、消毒等，都要求有相当多的经验积累和很高的技术水平，稍有闪失，就会导致大片鱼卵被毁，实际操作起来，就不仅仅是笔下描述的那么简单了。

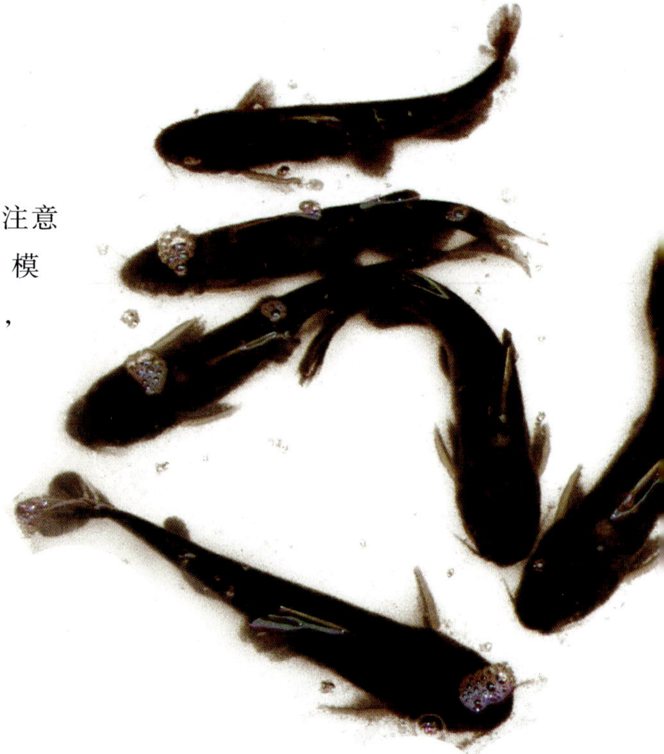

水中嬉戏的黄颡鱼

## 备受青睐的“汉子团”

无论是人工繁殖，还是在人工环境下模拟自然繁殖，都是比较传统经典的养殖技术。人们为了降低鱼苗雌性数量，现在通过细胞工程育种技术、基因工程育种技术等手段，已经能够繁育出全雄的黄颡鱼鱼苗。为什么要降低雌性鱼苗的数量呢？这是因为雌鱼生长速度慢，性成熟后，身体的营养主要供给性腺发育，不利于作为食

应用细胞工程育种技术和基因工程育种技术等手段，科学家经过多年的努力，繁育出全雄的黄颡鱼鱼苗——“全雄1号”

用产品的销售。养殖经济鱼类的目标是减少消耗，提高产量，产生更多的经济效益，因此都希望养殖雄性鱼类。如果鱼卵孵化出来的都是雄性，将是效率最高的解决办法，所以繁殖全是雄性的鱼苗成为科学家们努力的方向。2000～2009年大约10年的时间，人们攻克了种种难关，才完全掌握了全雄黄颡鱼的育种方法。2011年4月国家正式批准了这个新品种，命名为黄颡鱼“全雄1号”。在养殖鱼类中，目前仅有罗非鱼和黄颡鱼能够繁育全雄鱼苗。由此看来，科学技术的每一点进步都不容易。

繁殖和育苗的难题就这样一点一点地被攻克下来，终于可以将黄颡鱼的人工养殖推广生产。本来这种鱼在我国的分布很广泛，适

应性强，因此对养殖户来说，池塘、设备等硬件设施不需要特殊的投入，养殖的技术也比较简单，池塘套养、精养和网箱养殖都可以。购进鱼苗后，注意防病，控制好养殖密度，防止水质恶化就可以了。这样普通百姓也可以长年吃到质优价廉的名贵鱼种了。据不完全统计，2011年全国黄颡鱼产量达到30万～50万吨。现在黄颡鱼作为名优水产品种，已被部分省市纳入“十二五”农林渔产业发展规划中，大力扶持和推动黄颡鱼的养殖，说明黄颡鱼具有很好的养殖开发前景。

## 典型性入侵

在黄颡鱼养殖大力发展的同时，它的名字却进入了外来入侵物种的名单。这么优良的品种，分布范围如此广泛的鱼，怎么会成为入侵种呢？查阅资料发现，这种鱼确实来到了我国唯一没有分布的地

云南抚仙湖

四大家鱼

区——云南。最要命的是，入侵的地点是生物多样性很脆弱的云南抚仙湖。

抚仙湖是云南高原湖群中的一个断陷型湖泊，所谓断陷型湖泊，就是由山体断层下陷形成凹地积水，逐步形成的湖泊。抚仙湖是自从距今260万年前的更新世古水系的变迁以后，随着山体断陷和湖面下沉，水体逐渐封闭演化成为现代高原贫营养型的深水湖泊。抚仙湖是典型的半封闭式高原深水湖泊。湖周围有数条比较短的溪流，汇入湖中，南边有一条小河，与星云湖相通，另有一条小的外泄河，流入南盘江，主要水源补给是降雨和地下水。其独特的成因和演变历史，对生活在湖中的鱼类产生了深远的影响，导致鱼类区系组成特殊、物种分化强烈，特有种比较多，这样的结构很难应对外来物种入侵导致的环境变化。

20世纪60年代，云南开始大规模地引进“四大家鱼”等平

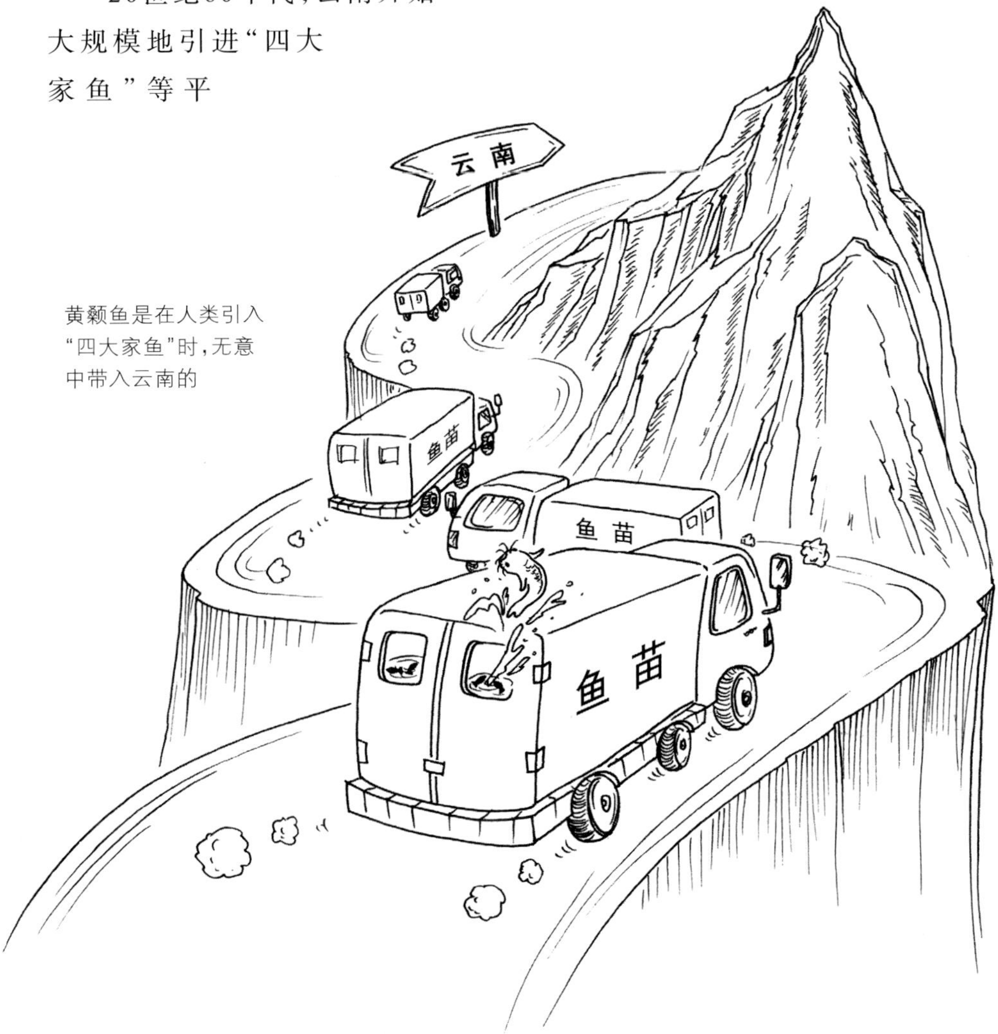

黄颡鱼是在人类引入“四大家鱼”时，无意中带入云南的

原鱼类，尤其是星云湖多次重复引进鲤鱼。这些外来鱼种又通过小河，进入抚仙湖。黄颡鱼就是在引入“四大家鱼”等鱼类时，无意中带入云南，并进入抚仙湖的。这些鱼类来到这个新环境，一旦适应下来，就很快繁殖后代，扩散开来，对当地的土著种带来很大的压力。尤其是像黄颡鱼这些食肉性的鱼类，直接偷食小鱼和鱼卵，对当地的土著种带来的伤害就更加直接、更加严重。抚仙湖中没有黄颡鱼的天敌，人工捕捞又会伤及其他鱼类，目前只能任由其在湖中繁衍、生存。这成为外来物种入侵的又一个危害典型。

知识点

## 四大家鱼

四大家鱼指最为中国人所熟悉的四种食用淡水养殖鱼类，分别是青鱼、草鱼、鲢鱼、鳙鱼。这些鱼类是经过1000多年的人工选择成为优良的水产品种，它们具有生长迅速、抗病力强的共同特点，适于作为大众食用鱼。

四大家鱼都属于鲤形目鲤科。青鱼，又叫黑鲩、青鲩，栖息于水体的中下层；草鱼，又叫鲩鱼，通常喜栖息于水体的中下层或水草多的地方；鲢鱼，又叫白鲢，性急躁，善跳跃，生活在水体的中上层；鳙鱼，又叫花鲢、胖头鱼、大头鱼，外形似鲢，性温驯，不爱跳跃，生活在水体中层。

云南是我国生物多样性最丰富的地区，各类生物类群的种数均接近或超过全国的一半以上。同时，云南生态系统类型也多样而独特，堪称世界生态类型的缩影。云南的生物多样性是全球其他地方所不可替代的，它是我国特有属分布最多的地区之一，还拥有一大批孑遗种、独特种和古老种。也正是由于特殊的地形地貌、复杂的气候环境，导致云南物种多，但种群稀、数量少，分布区域小，生态适应能力低，对外界干扰非常敏感，遇有自然灾害或人为破坏，很容易陷入濒危境地甚至灭绝。抚仙湖曾是云南高原湖泊中土著鱼类多样性最高的湖泊之一，外来物种的入侵和人类的疯狂捕捞，已经使大量的土著鱼种减少，甚至灭绝。

抚仙湖土著鱼种——糠浪白鱼标本

抚仙湖土著鱼种——抚仙金线鲃标本

入侵生态学之父查尔斯·埃尔顿说过，千百万年来，海洋、山脉、河流和沙漠曾经作为无法逾越的鸿沟，为稀有物种和生态系统的演变提供了天然屏障。但在近几百年间，受到全球变化的影响，这些屏障已经形同虚设，外来入侵物种可以远涉重洋到达新的生境和栖息地。就如同黄颡鱼，没有人类的活动，它不可能来到有着千山万水阻隔的云南，危害异乡的同类。黄颡鱼的入侵带来了危害，深究原因，还是人类的过错。

外来物种入侵的危害提示人类警惕自己的行为，即使是面对作为解决民生问题的黄颡鱼，也绝不能丧失警惕性。

（杨静）

## 深度阅读


李秀，陈毅峰等. 2006. 抚仙湖外来黄颡鱼种群的年龄和生长特征. 动物学报，52(2): 263-271.

熊飞，李文朝，潘继征等. 2006. 云南抚仙湖鱼类资源现状与变化. 湖泊科学，18(3): 305-311.

熊飞，李文朝，潘继征. 2008. 云南抚仙湖外来鱼类现状及相关问题分析. 江西农业学报，20(2): 92-94.

王迪，吴军，窦寅等. 2009. 中国境内异地引种鱼类环境风险研究. 安徽农业科学，37(18): 8544-8546.

# 摄影者

| | | | | |
|---|---|---|---|---|
| 李湘涛 | 杨红珍 | 李　竹 | 徐景先 | 黄满荣 |
| 杨　静 | 倪永明 | 张昌盛 | 毕海燕 | 夏晓飞 |
| 殷学波 | 王　莹 | 韩蒙燕 | 刘海明 | 刘　昭 |
| 刘全儒 | 黄珍友 | 张桂芬 | 张词祖 | 张　斌 |
| 梁智生 | 黄焕华 | 黄国华 | 王国全 | 王竹红 |
| 黄罗卿 | 杜　洋 | 王源超 | 叶文武 | 王　旭 |
| 杨　钤 | 蔡瑞娜 | 刘小侠 | 徐　进 | 杨　青 |
| 李秀玲 | 徐晔春 | 华国军 | 赵良成 | 谢　磊 |
| 王　辰 | 丁　凡 | 周忠实 | 刘　彪 | 年　磊 |
| 于　雷 | 赵　琦 | 庄晓颇 | | |